林业专家建议汇编（二）

中国林学会 编

中国林业出版社

·北 京·

图书在版编目(CIP)数据

林业专家建议汇编(二) / 中国林学会编. —北京：中国林业出版社，2020. 7

ISBN 978-7-5219-0719-3

Ⅰ. ①林… Ⅱ. ①中… Ⅲ. ①林学-研究 Ⅳ. ①S7

中国版本图书馆 CIP 数据核字(2020)第 134183 号

中国林业出版社 · 林业分社

责任编辑：何 鹏 李 敏

出 版 中国林业出版社(100009 北京西城区刘海胡同 7 号)
电话 010-83143543 83143575
印 刷 北京中科印刷有限公司
版 次 2020 年 9 月第 1 版
印 次 2020 年 9 月第 1 次
开 本 787mm×1092mm 1/16
印 张 5.75
字 数 60 千字
印 数 1~1000 册
定 价 69.00 元

《林业专家建议汇编（二）》编委会

前　言

为了更好地发挥学会的智库功能，推进新型智库建设，2015 年中国林学会发起成立了中国林业智库。主要围绕林业改革发展重大战略问题和地方林业发展热点、难点问题，发挥专家的智力优势，开展决策咨询、技术服务、产学研交流等活动。中国林业智库成立近 5 年来，为服务我国林草事业改革发展做出了重要的贡献。

当前，我国林草事业正面临着重大的战略机遇。党的十九大提出了习近平新时代中国特色社会主义思想，成为新时代我国林草事业发展的指导思想。在新一轮党和国家机构改革中，党中央着眼于党和国家事业全局，新组建了国家林业和草原局，并加挂国家公园管理局牌子。其根本目的就是要加大生态系统的保护力度，统筹监督管理森林、草原、湿地、荒漠等生态系统和陆生野生动植物资源的保护利用，组织生态保护和修复，开展造林绿化工作，管理国家公园、自然保护区、风景名胜区、自然遗产、地质公园等各类自然保护地，保障国家生态安全。林草事业处于生态文明建设的基础和先导地位，是新时代中国特色社会主义事业的重要组成部分。林草事业改革发展面临的诸多重大战略问题亟待深入的理论研究和政策突破。

《林业专家建议》是刊登林业专家建言献策文章的重要载体，是中国林业智库的重要组成部分，也是中国林学会服务我国林草事业改革发展的重要平台。2017 年，我们将已经刊发的专家建议集结出版，引起了林业界的热烈反响。2017 年到 2019 年三年间，《林业专家建议》紧扣新时代林草改革发展重大问题进行选题，围绕林木良种、人工林经营环境、外来树种、林长制改革、林业文化遗产保护、林业特色产业、粤港澳大湾区生态保护修复等主题开展专题调研和约稿、组稿，凝练专家建议，多篇建议得到了国家林草局领导和有关部门的重要批示，为林草事业发展提供了良好的智力支撑。今天，我们出版《林业专家建议汇编（二）》，持续推动中国林业智库的成果的交流和分享，为促进新时代我国林草事业发展贡献力量。

2020 年是全面建成小康社会和“十三五”规划收官之年，也是“两个一百年”奋斗目标的历史交汇点。今年年初爆发的新型冠状病毒肺炎疫情让我们更加深刻地思考人与自然的关系。今天，我们比任何时候更加关注生态安全，更加关注生物安全，更加关注生态文明建设。中国林业智库将一如既往地发挥智库功能，充分调动智库专家的积极性，凝练高水平的专家建议，为新时代林草事业高质量发展服务。

编　者

2020 年 6 月

目　录

关于加快推进我国林木良种事业发展的几点建议

林木良种是林业生产力发展的基础性、战略性资源和重要的物质基础，是林业建设的源头。离开了这个源头，林业建设和国土绿化将成为无源之水、无本之木。林木良种也是林木优良遗传基因的载体，是决定林木生长快慢和品质优劣的内在因素，加强良种选育、大力推广良种造林，是加快国土绿化步伐、提高森林资源质量的关键所在。为加快推进林业现代化，支撑生态文明建设，现就我国林木良种事业发展有关问题，提出如下建议：

一、建立适合林木遗传育种工作的精英团队，推进林木长期育种计划的实施

在“林以种为本，种以质为先”已不断得到广泛认识的背景

下，目前我国正面临常规育种人才匮乏的窘境。因急功近利、追求高影响因子论文等社会导向性原因，造成当下我国林木遗传育种领域从事常规育种工作的人才日趋减少，难以满足该领域的发展需求。众所周知，林木遗传育种侧重于应用基础研究，更多的需面向社会实践，在此情形下，必须要在开展基础研究的同时，更加强调与生产实践的结合，使科学问题能为林木良种生产提供强有力支撑。为此，需重视常规育种人才的培养。此外，林木遗传育种的长期性、继承性、持续性特点，要求尽快落实长期育种计划的实施，实现该领域的可持续发展，使我国的林木遗传育种事业尽早赶超世界，抢占制高点。

二、加大科技投入，全方位多角度联手推进林木遗传育种事业

随着林木全基因组测序的全面开展，组学、信息学、关联分析等的介入，林木遗传育种正处于一个黄金发展阶段。研究手段和分析方法的改进，需要更多的研究经费投入。同时，林木良种属于系统工程，林木良种化进程需要各方面各领域的科技人员和管理人员的协作攻关，从而达到高效良种选育与繁育技术的研发和集成。这就要求我国林木良种选育的科学研究工作应强调多学科协作，将经典育种技术与现代分子育种技术有机结合，基础性研究与应用性研究互作，以经典育种技术为基础，充分运用现代分子生物学技术，培育速生、高抗以及具有其他重要经济性状的优良林木新品种，从而加速林木良种选育

与繁育推广的进程。

三、加强基础能力建设，完善林木种质资源库和良种基地的营运机制

随着国家和地方逐步推进林木种质资源库和良种基地的建设，各级林木种质资源保存利用体系逐渐形成，良种基地建设的经验不断得到积累。目前因各种客观原因，科技与资源库和良种基地建设的脱钩现象渐现，一些地方的挂名无实问题突出，补贴经费未投入于实际需要的现象仍时有出现。科技支撑的应有经费无法得到落实，科研项目无法在资源库和良种基地得到有效实施，少数基地竟然拒科学家于大门之外，闭门造车偶有出现，极大地打击了科技良性作用于一线生产的初衷。为极早纠正这些问题，需加大力度构建切实可行的林木种质资源库和良种基地的营运机制。如投入与产出的分级考核，科技人员挂名考核与科技经费有效给付的保障制度建立，林木种质资源库和良种基地日常运营的考核细化等等均需进一步完善。

四、完善良种生产与苗木繁育相结合的机制，加强行政指导，推动科技成果转化

由于体制及历史原因，目前我国不少国家级和省级林木良种基地存在良种生产与苗木繁育脱节的问题，一些基地只生产种子，一些基地只生产苗木，造成良种未能得到高效繁育问

题。因此，建议作为林木良种基地(特别是建有种子园者)应逐渐实现种子生产与苗木繁育配套，进一步提高良种生产与经营的效率。此外，因受传统陈旧观念的影响，一些林木遗传育种的新技术，如种子园的果园式矮化经营技术、轻基质容器育苗技术、良种良法配套技术等，在一些地方得不到高效推广。建议管理部门运用行政干预，使新技术尽早得到推广应用。

五、强化技术培训和新技术传播，实现不区分南北方的全国一盘棋培训

由于各地气候、树种特点和林木遗传育种起点差异等客观原因，当下每年的针对从事林木遗传改良和良种管理人员的技术培训分区开展，造成落后与先进之间的差距无形拉大，使不同地域间对林木良种发展和认识沟壑无法填平，阻碍了整体水平的提高。建议全国一盘棋开展技术培训和新技术推广，使学员相互间认识差距，取长补短，从而全面提升我国林木良种工作水平，推进良种化进程。

撰　稿

中国林学会林木遗传育种分会：苏晓华

关于加快推进我国木质重组材料研发和产业化的建议

木质重组材料是以人工林木材、竹材、沙生灌木和秸秆等生物质材料为原料，通过纤维定向重组和成型复合而成的一种新型木质复合材料。经过近 10 年的持续攻关与技术开发，木质重组材制造关键技术与产业化已经获得重大突破，对于保障我国木材供应安全、解决人工林木材和竹材的高值化利用的产业难题、助力精准扶贫等方面都具有重要的意义。

一、我国木竹质重组材料发展现状

木质重组材是我国自主研制成功且拥有全部自主知识产权的一种新材料，克服了人工林木材、竹材等生物质材料径级小、材质软、强度低和材质不均等缺陷，具有性能可控、结构

可设计、规格可调等特点，是小材大用、劣材优用的有效途径。经过多年的研发，我国木(竹)重组材产业领域科技创新取得了丰硕成果，累计获得专利52件，形成了涵盖制造工艺、关键设备、生产方法和目标产品的知识产权体系，一项成果获得了2015年度国家科技进步二等奖，被国家发展和改革委员会列入《国家重点推广节能低碳技术推广目录(2017年本，低碳部分)》。通过技术转让(专利技术实施许可)等方式进行了推广，目前有的产品已经出口到欧洲、美国、日本等100多个国家和地区，并在风电桨叶材料、结构材料、户外材料、装潢装饰材料等领域得到应用。

二、存在的主要问题

1. 技术问题

虽然我国木(竹)质重组材取得了阶段性成果，实现了产业化生产，但是作为一项新技术，仍然面临着一系列关键技术问题亟待进一步解决，如：木(竹)质材重组单元精细定向疏解、大规格成型等关键装备有待开发；生产的机械化、连续化和自动化水平急需提升；原材料供应模式、生产方式需要改变；产品的标准化体系建设尚需完善，尤其是有关结构领域标准的缺失，限制了木(竹)质重组材在木结构建筑中的应用。

2. 产业发展问题

当前，木(竹)质重组材产业发展面临的问题主要表现在：企业规模小、原料的季节性使得贮存、加工利用的成本不断增

加，政策扶持力度不够，企业效益严重下滑，不利于产业的快速健康发展。

三、几点政策建议

木(竹)质重组材在湿地景观工程、海洋工程、矿井工程等领域都具有广泛的应用前景。为了进一步提升我国木(竹)质重组材料的技术进步和装备水平，加快产业发展，使得我国在该领域能够持续在世界范围内处于领跑地位，提出如下建议：

1. 组建国家林业和草原局木(竹)质重组材料工程中心，打造科技创新精英团队

鉴于该种材料的创新性以及应用领域的广泛适应性，有必要成立国家林业和草原局木(竹)质重组材料工程技术中心，集合国内相关领域的产学研力量进行深度融合，建立从原材料处理(含人工林木材、竹材、沙柳灌木和秸秆等)、关键技术、关键装备、木(竹)质重组材料的产品再开发等领域人才团队体系；在木(竹)质重组材料开发成功的基础上，进行深入的基础和应用技术研究和产品开发，建立我国自己的木(竹)质重组材料科学技术体系，培养木质重组材料的专业人才，使我国能够在较长时间内在该领域保持领跑地位。

2. 加大研发支持力度，着力突破瓶颈技术

建议国家有关部门进一步加大研发支持力度，以速生林木材、竹材和沙柳灌木等原料高效化利用和产品增值化开发为目标，建立国家级木(竹)质重组材工程研发中心，力争在“十三五”期间，在装备的连续化和自动化方面取得突破性进展；针对结构用非承重木(竹)质重组材(如门、窗、园林景观材)对装饰性能、尺寸稳定性、耐候性等性能特殊要求，解决现有木(竹)质重组材跳丝、开裂两大制约产业发展的瓶颈技术难题；在结构材方面，大力发展大规格的木竹质重组材，完善结构用木(竹)质重组材相关标准体系和设计规范。

3. 进一步加强木(竹)质重组材料的产业化推广力度

木(竹)质重组材料附加值高，利用范围广，并且已经被工程项目以及设计领域所认可，以该种材料开发的“竹钢”“木钢”“沙柳木钢”等产品已经被设计师广泛接受。因此组织力量进行大规模地系统推广，积极搭建产学研对接平台，加大科技成果转化力度。

4. 加大木(竹)质重组材产业扶持力度

针对产业面临的问题，我们建议加大政府扶持力度，在财政补助、税收、融资等方面给予支持：一是拓宽木(竹)质重组材产业发展资金来源，纳入中央财政现代农业发展资金扶持范围。建立健全木(竹)质重组材产业财政补助制度，对投资超过1000万元的木(竹)质重组材企业，实行国家补贴投资总额的10%；实行产品补助政策，对年消耗竹材、沙生灌木、农作物秸秆量在1万吨以上的木(竹)质重组材企业，给予综合性补助，补助标准140元/吨(参考财建〔2008〕735号)；对木(竹)质重组材企业购置生产设备享受中央财政农机购置补助。二是

实行税费优惠政策。对木(竹)质重组材企业实行增值税 100% 即征即退政策，并免征所得税；三是使木(竹)质重组材企业享受中小企业融资政策。加大金融信贷支持力度，鼓励多渠道融资，促进升级换代。

撰　稿

中国林业科学研究院：于文吉　余养伦

人工林经营的制度性交易成本亟待降低

制度性交易成本是指政府管理部门的各种制度、政策、程序等给企业带来的成本付出，这是企业靠自身努力无法降低的，只有依靠深化改革、调整制度和政策来解决。党中央、国务院高度重视降低企业制度性交易成本问题，并将其作为供给侧结构性改革的重要举措和推进“放管服”改革的重要内容。

广西是我国木材产量最高的地区，全国30%以上的商品材出自广西，其中产自桉树的商品材占75%以上，而64%的桉树林由非国有经营主体经营。为深入了解人工林经营的制度性交易成本，中国林学会组织专家对广西的3家外资企业、1家民营企业开展了专项调研。从调研结果看，人工林经营企业，特别是非国有人工林经营企业所承担的制度性交易成本是非常高的，调研的4家企业所承担的制度性交易成本分别达到了总成

本的25%、22%、24%和13%。

一、林权纠纷是人工林经营企业最大的制度性交易成本

获得林地经营权是非国有企业开展人工林经营的前提。目前，由于林权纠纷和流转合同纠纷而引发的经营损失、处理成本以及潜在风险，已经成为人工林经营企业面临的最大制度性交易成本，导致有些企业开始逐步退出林地，收缩经营规模。

企业遭遇的林权纠纷主要有三类：第一类是获得承包权的农户以未经自己同意为由，要求企业退出尚在合同期的林地；第二类是村集体要求收回原由国有林场经营、后由国有林场流转给企业经营的林地；第三类是纠纷双方或多方对企业经营的林地持有不同时期林权证。尽管这些林权纠纷并非是企业与林地流出方之间的纠纷，但纠纷双方经常采取封路等方式阻挠采伐，通过喷洒除草剂、扒桉树皮等手段促进桉树死亡，通过栽种甘蔗、玉米、松树等蚕食公司经营的林地，严重影响了企业的正常经营。企业不得不采取向山林权属纠纷双方支付租金、交赞助费、出钱修路等方式息事宁人。面对林权纠纷的困扰，调研的4家企业均成立了专门机构，每年付出的人员工资与运行成本均在300万~400万元。

流转合同纠纷主要有两种：一种是对于村干部代签流转合同，农户否认合同效力；另一种是随着桉树价格上升和各种林业补助政策的实施，农民自营的预期收益高于租金，因此流出

林地的村集体或农户要求提高林地租金。据了解，这些企业流入林地的时间均在1995—2008年，1995年租金约为5元/(年·亩)，2005年以后提高到10~15元/(年·亩)，而现在村集体或农户要求将租金提高到50~150元/(年·亩)。本次调研的4家企业因林权纠纷而无法继续经营的面积已经达到总经营面积的10%~40%，由于成熟林不能采伐无法收回成本，同时还要继续支付林地租金，因而给企业造成了巨大的经营损失。自2009年开始进行集体林权制度改革以来，企业的经营损失少则每年100多万元，多的高达每年2500万元。

二、非国有地位和行政垄断增加了企业的经营成本

大力发展人工林是保障我国木材安全与生态安全的重要举措，经营人工林对国家绿色转型具有较强的正外部性，理应得到国家政策优惠与补贴。但因其非国有地位，调研企业不仅从未获得过政策性资金扶持，而且仍在缴纳着中央三令五申要求取消的各种费用。为规避国家规定，这些费用被美化成市场行为，如部分地区以采伐服务费、林业服务费等名目收取10~35元/立方米的检尺费和1元/立方米的检疫费。同时，采伐设计服务市场存在着严重的行政垄断现象，有些地区只有一家采伐设计公司，有的地方虽然有几家采伐设计公司，但如果不去林业局指定的某家设计公司，必然遭遇申请不到采伐证或者办证拖延。而且，林业局指定的设计公司按照蓄积量收取采伐设计费，相当于按照出材量收取设计费的4倍。

三、降低新型经营主体人工林经营制度性交易成本的建议

降低人工林经营制度性交易成本的根本途径就是要进一步深化政府“放管服”改革，发挥市场在资源配置中的决定性作用，通过完善市场制度来约束管理部门“闲不住的手”，避免政府过多介入微观经济运行，将更多的精力用于优化市场型交易成本，切实减轻企业负担。为此，提出如下建议：

1. 真正让非国有企业享有与国有企业同等的政策待遇

民间和境外林业资本投入我国商品林建设，为弥补我国木材短缺作出了巨大贡献，“三权分置”政策奠定了保护企业经营权的指导思想，需要进一步通过立法明确新型经营主体以及非国有林业企业的法律地位、权利义务以及侵犯其合法权益的法律责任体系。

2. 认真落实“三权分置”政策，避免产生新的林权纠纷

“三权分置”政策进一步细化了《中华人民共和国物权法》与《中华人民共和国农村土地承包法》的规定，厘清了农村林地集体所有权、农户承包经营物权、新型经营主体经营债权的“三权”边界。据此，林业企业流入林地，获得的是合同期内的林地使用权与林木所有权，林业企业依法可以以记载该两项权利的合同或其他权利凭证申请采伐或抵押贷款。有些地方向林业企业发放林权证或流转权证，违背了“相斥物权不得并存”的

法律原则，极易造成新的林权纠纷。

3. 建立林权流转服务系统，将政府参与集体林权流转行为列负面清单

建立全国联网、实时共享的集森林资源、权属、生产经营主体等信息于一体的基础信息数据库和管理信息系统，通过信息公开，可以降低林权流转市场的获取信息成本和谈判成本，避免政府的强制干预，避免以规模经营为名限制或变相限制农民流转自主权，或设立市场准入门槛加大交易成本。提供林权流转示范合同，对于显失公平的林权流转合同提供法律服务。建立林权纠纷数据库，为处理历史遗留的林权纠纷提供林权凭证、案件处理以及技术手段等客观依据。

4. 清理以市场为名的各种收费，加强对税费执行的监督

采取有力措施，进一步清理以市场为名的各种收费行为，实施严格的监督和问责制度，对于违法行为，一律追究法律责任。认真落实中央关于“放管服”改革的各项要求，为各类市场主体减负担，为激发有效投资拓空间，为公平营商创条件，为群众办事增便利。

5. 营造尊重产权、尊重市场规律的良好环境

调研发现，不少林权纠纷源于村集体、农民对企业合法产权与市场规律的漠视，地方政府以及林业主管部门变相收费以及对破坏林业企业正常经营行为的放任态度同样体现其缺乏保护产权与遵循市场规律的意识。全社会缺乏保护林业产权的公信文化，必然阻碍更多社会资本进入林业行业。要加强宣传教

育，增进社会资本对林业行业的信心，营造尊重产权、保护产权与遵循市场规律的社会文化环境。

撰　稿

南京林业大学经济管理学院：张红霄

客观科学对待外来树种加强种质资源收集引进

一、林木引种的作用

外来树种(Exotic tree)，通常指那些栽培于其自然分布区以外的树种。在人为情况下，一个树种被有意或偶然地转移到历史上从来没有出现过的地区，在新的地区则被称为外来树种，无论是国内的还是国外的。中国从国外引种外来树种历史悠久，最早有文献记录的可追溯到公元前汉武帝派遣张骞出使西域，引入中亚地区树种。最早的引种主要是人类为生存而对野生植物进行栽培利用，以满足自身生活的需求，如枣、栗、桃等物种都在《诗经》里有描述；而起源于美洲的椰子，目前已被广泛引种到全球热带地区。从公元前 134 年到 19 世纪中期，

树木引种有了明确的目的性，外来树种主要来自东南亚和中亚地区，引进树种以果树、药用居多。19 世纪中期至 20 世纪中期我国引进树种的种类和数量得到很大发展，华侨、留学生、传教士、外交使节、商人成为树木引种的主要媒介。引入树种多为园林绿化树种、果树和各种经济树种。从 1949 年中华人民共和国成立至今，引种具有目标明确、科学规范等特点，引种主要目的是为解决经济、环境、社会等方面的特定需求。

目前，中国大约引种乔灌木 1824 种(含品种)，其中重要造林树种大约 30 种，如杨树、桉树、落叶松、湿地松、刺槐等。外来树种人工林种植面积大约 1820 万公顷，占中国人工林总面积 26.2%，外来树种在中国生态恢复、林业产业原材料供应等方面做出了巨大的贡献。此外，从全球尺度上看，外来树种面积占全球人工林面积 27.2%(FAO，2010；2015)，而且这个比例还在不断增长(FAO，2010)，这也表明外来树种的重要地位。通过引种把国外的种质资源引进我国，不仅丰富国内的树种多样性和遗传多样性，更重要的是这些引进的国外种质资源为国内开展遗传改良提供重要基础资源。外来树种引种栽培非常成功的案例甚多，如新西兰、智利引种栽培辐射松，南美国家引种桉树，中国引种加勒比松、湿地松、火炬松、木麻黄、杨树等，这些成功的引种案例都为引入国解决木材短缺问题做出了重要贡献。欧洲国家从中国引进银杏、臭椿等树木，蔷薇、山茶、杜鹃等木本花卉极大程度上丰富了欧洲城市绿化与园林建设。长期的实践和历史经验表明，优良外来树种及其种质资源的引种栽培和驯化，对于森林资源建设具有不可替代

的重要作用。

二、科学认识外来树种入侵的风险和危害

近年来，由于诸多对外来物种生物入侵风险主观夸大、偏激的媒体报道和宣传，导致社会公众和管理部门对外来树种的反感情绪。国家相关政策亦发生改变，引种审批更加困难、科研立项数量和研究经费剧减、海关审查过严等，使我国外来树种的引种驯化工作受到了较大冲击，影响了林业生态建设和产业发展，急需引起社会各界对此的关注和纠正。

生物入侵风险的存在是客观事实，不容置疑。但不同生物种类产生生物入侵的风险和危害差异巨大。研究表明，动物、植物和微生物中，植物生物入侵风险最小。在植物生物中，木本植物显著小于草本植物的入侵风险。在木本植物中，乔木的入侵风险又低于灌木。也就是说在所有生物种类中，林木的生物入侵风险是最低的。据统计，中国形成入侵的外来物种有544种，其中多为动物、微生物、草本植物等，而木本植物仅为1%。另一方面，对于林木而言，适应性强、繁殖能力强、扩散速度快等入侵特性刚好是林业生产实践中所需要的特性，实质上成为林木的一种优点。很多具有入侵特性的林木，例如刺槐，已经成为困难立地造林绿化的重要先锋树种，为荒山荒地造林做出了贡献。

三、加强国外林木种质资源收集引进的建议

外来树种在木材供应、生态恢复与园林绿化等方面发挥了重要的作用，为推进我国林业产业发展、生态环境建设做出了重要贡献。我们要科学认识外来树种、营造良好的政策和舆论环境，科学防范生态风险，加强国外林木种质资源的收集引进。

1. 营造客观公正的舆论环境，促进外来树种引种驯化的可持续发展

要客观评价外来树种对中国林业发展的积极作用与贡献，坚定推动外来树种引种驯化工作的开展。要通过广泛地科普与宣传，加深管理部门、社会公众对外来树种的认知，排除偏见，严格避免肆意夸大外来树种入侵风险和危害的行径。

2. 建立严谨科学的外来树种生物入侵风险评价体系，严格规范引种程序

引入外来树种改变原有森林生态系统的物种组成，势必产生影响。要建立科学、有效的外来树种风险评估体系，减少生态危害。尊重树木引种科学规律，坚持“先论证后引种，先测试再推广”的原则，严格按照科学实践程序进行，避免盲目引种，杜绝轻易推广。切勿将经营模式不当产生的负面作用转嫁于引种的外来树种。

3. 采取有效的政策措施，加强国外种质资源引进工作

要调整有关外来树种引种过于严格的政策，放宽对国外林

木种质资源的引种审批，鼓励通过多种渠道，引进国外重要的林木种质资源。要设立专项资金，专门用于从国外收集引进林木种质资源，并在国内建立国外种质资源集中收集保存库，开展种质资源评价，为遗传改良奠定基础。

4. 加强外来树种的科学研究和监测评价工作

要对已经引种的外来树种进行监测评价，分析评价其经济价值和生态影响。要收集保存已经引种的外来树种种质资源，确定未来优先引进树种，建立国外树种种质资源异地保存库。要设立专项资金，开展林木引种国别研究，分析不同国家可以引种到中国的林木种类及其种质资源，指导长期持续开展外来树种引种研究。

撰　稿

中国林学会树木引种分会：郑勇奇

加快铁皮石斛产业发展的政策建议

铁皮石斛是我国传统名贵药材，具有益胃生津、滋阴清热、提高免疫力等功效，被列为“中华九大仙草”之首，素有“北有人参、南有枫斗”之美誉。铁皮石斛对生长环境要求苛刻，野生产量稀少，加上民间过度采挖，致使野生资源濒临灭绝，被列为世界濒危保护植物。自 20 世纪 90 年代起，我国林业专家开始进行天然铁皮石斛保护、良种选育、人工栽培实验，为铁皮石斛规模化种植提供了技术支撑。近年来，随着集体林权制度改革的不断深化，我国铁皮石斛产业迅速壮大，种植面积从 2010 年的 1 万亩增长到现在的 8 万亩，产值超过 100 亿元。

一、铁皮石斛产业是近年来涌现的新经济、新业态

铁皮石斛产业是科技创新驱动产业快速发展的典范。从“一株草”发展成一个产值超百亿的产业，科技创新的作用功不可没。科技创新解决了铁皮石斛种苗繁育、栽培、深加工等关键技术，不仅彻底改变了依赖野生石斛资源的局面，挽救了濒危的铁皮石斛，同时也助推了铁皮石斛产业的发展。目前，我国铁皮石斛产业已经形成了集石斛花观赏、石斛种植深加工为一体的完整产业链，拥有包括保健品、胶囊、口服液、饮料、化妆品等在内的系列产品，成为林业产业领域的新经济、新业态。

铁皮石斛产业是林业绿色富民经济的典范。近年来，迅速发展的铁皮石斛仿野生种植方式，具有不与粮食争良田、不与树木争林地、产品生态、品质更优的特点，有效利用了林地资源，提高了林业的综合效益，在促进农民脱贫致富、振兴乡村经济方面发挥了重要作用。以浙江温州为例，该市将发展铁皮石斛作为农村支柱产业，仅雁荡山革命老区就带动5万农民就业，年产值高达20亿元。铁皮石斛产业在长江以南广袤的山区、林区，特别是自然生态良好的地区，具有巨大潜力和发展前景。发展铁皮石斛产业，是把绿水青山变成金山银山的有效途径。

二、铁皮石斛产业发展面临的瓶颈和问题

一是相关政策不配套，制约了产业链的延伸。铁皮石斛与人参一样，具有“药食同源”的特点。根据古籍记载，铁皮石斛民间食用的历史悠久，现在已成为上海、浙江、广东等地深受百姓欢迎的茶饮。2010 年版《中华人民共和国药典》将铁皮石斛与其他石斛分开，但仍按中药材进行管理。根据现行的政策法规，以铁皮石斛为原料只能生产药字号、健字号产品，不能生产普通食品，严重制约了铁皮石斛新产品开发和市场的拓展，阻碍了产业链的延伸。近几年，在各级政府和行业协会的呼吁和推动下，原国家卫生和计划生育委员会（以下简称“国家卫计委”）组织专家初审，认为铁皮石斛符合新食品原料的安全性标准。2016 年 4 月 12 日，国家卫计委发布了“拟批准铁皮石斛为新食品原料”的征求意见，征求意见的时间已于 2016 年 5 月 12 日结束。在征求意见过程中，国家卫计委收到了对铁皮石斛列为新食品原料的不同声音，其后又多次组织专家进行安全性评价，现已通过了安全性评价，但最终结果却一直没有公布。另外，铁皮石斛粉以其携带服用方便而被消费者所接受，在浙江、上海、广东等地大量使用。但是，由于 2010 年版《中华人民共和国药典》关于铁皮石斛的标准中只有鲜条、干条、铁皮枫斗三种规格，严格来说，生产销售铁皮石斛粉属于非法生产销售中药饮片，属假药。这些中药材管理政策制约了铁皮石斛产业的创新发展。

二是标准体系不完善，制约了技术和市场监管。铁皮石斛种类繁多，不同品种、产地、收期的药用价值、成分、功能差异很大，亟须制定统一的行业标准进行规范。然而，目前与铁皮石斛产业相关的行业标准仅有《铁皮石斛栽培技术规程》(LY/T 2547—2015)和国家药典中规定的铁皮石斛成分含量的检测标准。在种苗组培、GAP 种植、产品精深加工、品质鉴定评价、农药和重金属残留限量等方面都缺少国家或行业标准。相关标准的缺失，严重制约了铁皮石斛行业的技术和市场监督。

三是产品同质化，伪品冲击严重。目前，铁皮石斛产品主要是鲜条与提高免疫、缓解体力疲劳的保健产品，产品同质化、低水平竞争现象十分严重。另外，铁皮石斛与多种同属植物(如齿瓣石斛、梳唇石斛、美花石斛等)在形态上并没有显著差别，尤其是加工成枫斗后，从外观形态上更加难以区别。因此，市场上普遍存在以次充好、以劣充优、以伪充真的现象。而用同属植物制成的伪品冒充铁皮石斛，其药用和保健价值大打折扣，严重损害了铁皮石斛的声誉，影响了铁皮石斛产业的健康有序发展。

四是科技投入不足，基础研究薄弱。铁皮石斛原先以自然采集野生原材料为主，正是由于科技的进步才带动了产业的发展。近年来，不少龙头企业对铁皮石斛人工组培和种植环节的技术研发比较重视，但由于科技人才短缺、投入不足、力量分散、各自为政，对于铁皮石斛功效药效的物质基础、作用机理、生产栽培技术、产品检测等诸多领域的基础研究薄弱，古

籍配方与新产品开发、基础理论与临床应用研究不足，导致天皮石斛所具有的降低血脂、降低血糖、改善睡眠、抗氧化、清咽、降低酒精性肝损伤危害、缓解视疲劳、改善胃肠功能、促进面部皮肤健康等多数功效尚未得到开发。

三、加快铁皮石斛产业发展的政策建议

在加快中医药产业发展和构建健康中国的背景下，铁皮石斛以其独特功效，在大健康产业中必将大有可为。铁皮石斛产业发展潜力巨大，有望成为像“人参”“虫草”那样的千亿产业。针对目前产业面临的困境和问题，建议从以下几个方面对铁皮石斛产业给予支持。

一是积极推动将铁皮石斛列入食品新原料目录。尊重铁皮石斛的生物特性，尽快把铁皮石斛(原球茎、花)列入药食两用产品目录或食品新原料目录。加快推进铁皮石斛加入食品新原料的审批程序，在符合相关标准的情况下尽快把铁皮石斛列入食品新原料目录。同时，争取将铁皮石斛粉收录到 2020 年版《中华人民共和国药典》中，真正实现铁皮石斛从药品到食品、从药房到厨房、从治疗到保健的历史性跨越，拓宽铁皮石斛产业发展空间。

二是加大产业政策扶持力度。建议从国家层面出台《关于加快铁皮石斛产业发展的指导意见》，把铁皮石斛作为林业新兴产业和大健康产业的重要组成部分加以培育，在财政、税收、金融、科技等方面给予扶持。同时，建议尽快制订产业发

展规划，在战略定位、产业布局、政策扶持等方面，进一步明确目标和方向，大力推广铁皮石斛仿野生种植等先进产业发展模式和技术，推动铁皮石斛产业的健康有序发展。

三是完善标准体系建设。充分发挥标准化工作在规范行业发展、推进产业化中的重要作用，综合考虑各种植区域实际，科学合理地制定铁皮石斛产品质量控制标准，研究探索既能有效区别伪品又能衡量铁皮石斛质量优劣的有效方法。加强标准体系建设，逐步建立从种苗组培、栽培管理、质量管理到产品精深加工、品质鉴定评价等全过程的标准体系，以标准化推进产业化。

四是加强科学研究和技术推广。加强铁皮石斛药效物质基础及作用机理、生产栽培技术、产品检测、深加工等诸多领域的基础和应用研究。设立铁皮石斛相关研究项目，成立铁皮石斛产业技术创新战略联盟，推动产学研政企的深度融合。加大科技推广力度，积极推广优质品种和先进的种植经营理念，以科技创新和技术推广推动铁皮石斛产业的长远发展。

五是加强行业管理，提升铁皮石斛产业的组织化、规范化水平。加强铁皮石斛种植、生产、加工等环节全过程的监督管理，为铁皮石斛产业发展提供良好的市场环境。推动行业协会建设，充分发挥行业协会在搭建公共服务平台、加强行业自律、制定行业标准、严格市场监管、加强宣传推介等方面的积极作用，促进政府监管和行业自律有机结合，提升铁皮石斛产业的组织化、规范化水平。

撰　稿

中国林学会林下经济分会：王　枫　陈幸良　斯金平

加快推进林长制实施的政策建议

林长制，是继推行河长制、湖长制之后，加强森林资源管理，进一步统筹山水林田湖草系统治理，加快推进生态文明建设的重大制度创新。其核心目标，就是落实各级党政主要领导保护和管理森林资源的主体责任，为提升森林生态系统服务能力和增强生态产品供给能力提供坚实保障。2018 年全国林业厅局长会议明确提出，将在总结地方试点工作经验的基础上，在全国范围内探索实行林长制。中国林业科学研究院林业科技信息研究所研究团队在参与《安庆市林长制实施规划(2018—2020年)》编制工作期间，针对林长制试点的实施情况进行专题调研，提出了相应的政策建议。

一、地方实行林长制的探索和成效

安徽省是全国率先推行林长制的省份，2017 年 9 月，安徽省委、省政府印发了《关于建立林长制的意见》；随后，江西省决定在全省范围内推行林长制，陕西省西安市也明确提出建立山长制。虽然林长制实施的时间不长，但通过地方的积极努力和探索，已经初显成效。

1. 建立了林长制的组织体系和配套制度

从 2017 年 9 月开始，安徽省在合肥、安庆、宣城等地先行开展林长制工作试点，建立了由省、市、县、乡、村五级林长构成的组织体系，明确了各级党政主要领导的主体责任，建立了林长会议制度，将各级林长和相关部门纳入成员单位，形成了协同配合、分级管理、分工负责的工作机制。设立了林长办公室，负责综合协调工作。明确提出将林长制落实情况作为各级党委、政府年度目标考核的重要内容。为保证林长制组织体系顺利运行，安徽省各地先后出台了林长制相关配套制度。截至 2018 年 7 月，全省 16 个市和 105 个县(市、区) 1509 个乡镇(街道) 出台了林长制工作方案；全省各级共设立林长 51415 名，竖立林长公示牌 14756 个；全省各地围绕林长会议、信息公开等方面制定相关配套制度 713 个。

2. 提高了林业综合治理能力

自林长制试点以来，安徽省林业综合治理能力有了明显提

升。以安庆市为例：一是通过考核评价体系建设，明确了各级林长责任，较好地解决了森林资源管理中存在的理念淡化、职责虚化、权能碎化、举措泛化、功能弱化等问题。二是通过层层落实责任，加快了林业重大工程项目建设进程，特别是在集中人财物资源、推进国土绿化中发挥了重要作用。三是通过林长制智慧平台建设，建立林长制信息管理系统，实行网格化管理，实现了森林资源和各类业务数据快速更新、智能查询和实时评价，为各项任务的落实和考核评价提供了数据支撑。

3. 强化了森林资源保护和管理

自林长制试点以来，安徽省整合人、财、物资源，强化森林资源保护，积极实施大规模国土绿化行动，加快推进森林抚育和退化林修复，不断提升森林生态系统服务功能。据统计，2017 年，全省共完成造林 148.44 万亩，完成森林抚育 562.09 万亩、退化林修复 60.52 万亩，均超额完成省政府下达的计划任务。铜陵市成功创建国家森林城市，各地还创建省级森林城市 6 个、省级森林城镇 68 个、省级森林村庄 587 个。全年发生森林火灾 127 次，火灾受害率 0.01‰，没有发生重大森林火灾和人员伤亡事故；林业有害生物成灾率 5.25‰，控制在省政府下达的指标范围内。

二、林长制实施过程中面临的难点问题

1. 部分领导干部对林长制认识不足、重视不够

领导干部对林长制的重视程度直接关系到森林资源管理的

实际成效。从调研情况看，省、市层次的党政主要领导对林长制十分重视，而部分县、乡党政主要领导对林长制重要性的认识仍然不足，一些村干部则存在畏难情绪。部分林长在一定程度上存在“兼职不兼心”的现象，对林长职责范围内的工作研究不深入、不细致。虽然林长办公室建立了由相关部门组成的联席会议制度，但是一些部门领导干部仍认为实行林长制只是林业主管部门的事，致使联席部门之间互相沟通不够、配合不密切，森林资源保护和管理的合力难以形成。

2. 林长制的职责边界不够清晰

林长制的中心任务理应是森林资源保护和管理，而不是全部的林业行政管理工作。但从调研情况看，有的地方把林长制误解为“包打天下、包揽一切”的万能制度，林长不仅负责森林资源保护和管理，还负责林业生态工程建设、林业产业发展等，几乎涵盖了林业行政管理工作的方方面面，代替了林业行政管理部门的全部职责，林业局仅仅成为一个履行林长办公室职能的部门。这种做法既不利于林长制职能的发挥，也不利于各项具体任务的落实，同时还可能由于职能交叉重叠而造成管理上的内耗。

3. 林长制的考核评价机制亟待完善

建立科学合理的考核评价机制是保障林长制顺利实施的关键。现有的考核评价机制还存在不足：一是考核指标体系过于复杂、评价方法过于繁琐，不利于考核评价的实施；二是考核的针对性不强，未考虑生态区位的重要性与敏感性以及各地发

展的实际情况；三是在考核方式上，主要是自上而下的考核，缺乏群众参与和第三方考核评价机制。

4. 对各级林长的激励机制有待加强

林长制设计了层级分明的森林资源管理责任链条，但由于缺少激励相容机制，使得林长缺乏实现考核目标的内生动力。目前对林长制工作落实情况的处理，注重对出现问题的林长进行问责，忽视对尽责有为的林长的奖励。部分基层干部反映“干不好林长工作是失责，是要追责的；干得好是本分，是应该的”，表现出一定的畏难情绪，缺乏主动承担任务的愿望。

三、加快推进林长制实施的政策建议

1. 积极稳妥推进

实践证明，实行林长制是加强森林资源保护与管理的有效举措，安徽省的试点工作已取得初步成效，在全国加快推行林长制的条件已成熟。建议国家林业和草原局在总结地方试点经验的基础上，按照分步推进原则，先聚焦森林资源，然后拓展到草原与湿地等其他自然资源；抓紧研究制定《关于加快推进林长制实施的指导意见》，明确林长制的指导思想、基本原则、总体目标、组织体系和保障措施等内容，争取以中共中央办公厅、国务院办公厅的名义下发文件；支持各地将林长制纳入地方法规，形成常态化机制；指导各地编制林长制实施规划和林长制工作方案，加快推行林长制。

2. 提高干部群众认识

推动各级林长充分认识到推行林长制在贯彻绿色发展理念和加强生态文明建设中的重要意义；深入了解林业行业特点，把握林长制的特殊性，为科学决策提供支撑；熟悉林业法律法规，为依法行政提供保障。广泛宣传引导，提高群众对森林保护的责任意识和参与意识，调动群众参与的积极性，使群众真正成为森林资源管理的主力军。

3. 理顺工作关系

突出林长保护和管理森林资源的主体责任，发挥林长在责任区域内各地方、各部门之间统筹资源、强化监督、推进工作的作用，理清林长制与日常林业行政管理工作之间的关系，完善党政主要领导负总责、分管领导具体负责、各级林长和相关部门协同配合、分级管理、分工负责的工作机制，克服以林长制代替全部林业行政管理工作的倾向，防止出现各级林长“什么都管、什么都管不好，什么都抓、什么都抓不实”的问题。

4. 完善考核评价制度

要针对林长制的考核评价体系开展专题研究，聚焦林长制的目标、任务和职责，建立科学合理的考核评价体系。引入第三方评价机制，提升考核评价的客观公正性。扩大公众参与，把人民群众的满意度和获得感作为考核评价林长制绩效的重要依据。支持地方强化考核结果应用，将考核结果作为干部任用和政绩考核的重要内容，结合领导干部自然资源资产离任审计和党政领导干部生态环境损害责任追究制度的落实，对进行履

行职责不力的林长进行问责。完善激励机制，综合运用物质激励与精神激励两种方式，对于工作成绩突出的林长，要充分给予肯定和表扬，带动大家工作的积极性。

5. 加强信息公开和社会监督

建立森林资源保护和管理信息发布平台，通过主要媒体向社会公告林长名单及联系方式。在林长责任区域显著位置竖立林长公示牌，标明林长职责、森林概况、管护目标、监督电话等内容，并根据林长职位调整情况，及时更新林长公示牌内容，接受社会监督。聘请社会监督员对森林资源保护和管理效果进行监督和评价。

撰　稿

中国林业科学研究院林业科技信息研究所：宁攸凉　韩　锋
赵　荣　王登举

人工林经营权保护亟待良法善治

从 20 世纪 90 年代开始，特别是 2003 年中共中央、国务院《关于加快林业发展的决定》发布之后，大批国外资本和社会资本进山入林，加快了我国人工林的发展，为我国木材安全与生态建设注入了新的活力。同时，值得注意的是，社会主体进山入林的 20 多年正是我国市场经济快速发展、集体林权制度改革不断深化的转型期，产权保护制度与社会意识尚不健全，人工林经营普遍受到林权纠纷、合同纠纷、政府行为、社会文化的长期困扰。2019 年 5 月，国家林业和草原局发布《关于进一步放活集体林经营权的意见》，从规范流转、组织创新、产业发展、利益机制以及管理服务水平等方面提出保护各类经营主体产权的改革思路，但如何将改革思路落实到位需要更具体的研究。

为深入了解人工林经营权的实际运行状况，中国林学会与广西人工林种植行业协会联合组织专家选择社会资本进山入林较早、木材产量最高的广西人工林经营企业进行调研。本次调研的 8 家企业分别于 1995—1996 年、2002—2008 年、2008 年林改后进入广西林业，覆盖了社会资本进山入林的三个主要时期。从调研结果看，增强制度设计的科学性与有效实施，对于解决各种纠纷、有效保护人工林经营权具有根本性的作用。

一、林权纠纷久拖不决的根源在于历次林权改革缺乏有效的衔接

企业反映，最棘手的林权纠纷是：非合同方或多个非合同方主张同一宗经营林地的权属，且均持有不同时期的林权证。不同时期的林权证主要包括土改、“四固定”、林业“三定”以及新一轮林改发放的林权证。虽然每次林改政策都提出妥善解决历史遗留问题以及在林权纠纷处理中以最新一次林改为确权依据。但在实践中，纠纷处理的责任与损失实际上由经营者承担。面对历史遗留的多证现象，面对新一轮林改将合同期内的经营林地承包到户，或因林改工作不细致导致的图证不符、证地不符、重复发证等情况，作为流入方的人工林经营企业既无法辨别也无力改变。况且，权属主张纠纷往往发生在伐区，无论是寻求和解、搁置争议还是诉诸法律，短期内企业要承担因堵路、毁林、盗伐等行为造成的木材腐烂、活立木枯死、延误最佳采伐期等损失。调研发现，有的企业 50%的经营林地不同

程度地存在林权纠纷；有的企业近10年每年平均发生林权纠纷30~40起，最高一年69起；也有企业尝试诉诸法律，即便胜诉，持续4~5年的诉讼时间与成本无疑额外增加企业的经营成本。比较各种成本，企业只能做出明智且无奈的选择：支付多份租金以尽快恢复正常经营秩序，同时企业也清楚，悬而未决的林权纠纷将会伴随整个经营期。

调研中，不少企业希望通过获得林权证以解决林权纠纷，也有部分省份将发放经营权证或林权流转权证作为保护经营权的措施。这一做法在一定程度上缓解了当下的林地经营权纠纷，但极易造成新的林权纠纷。因为，原林权证同样记载着流出方拥有林地使用权，时间一长，同一宗林地又会出现两个不同主体的权属凭证。

二、法治意识的缺失导致部分有效合同被视为无效合同或存在效力瑕疵

调研中还发现一个普遍现象：无论哪个时期签订的林权流转合同，只要企业无法证明或持有的证据不足以证明订立林地流转合同时经过2/3以上村民或者村民代表的同意，在现实中就会被视为无效合同或存在效力瑕疵，包括一些地方政府部门或法院在处理此类合同纠纷时也以此为依据。这一做法不符合“法不溯及既往”的法治原则，应根据当时的政策和法律对不同时期签订的林权流转合同确权定性。

如前所述，大批国外资本和社会资本进入广西林业是在

2003年中共中央、国务院《关于加快林业发展的决定》发布之后，此时国家政策与法律尚未要求集体林地承包到户，生效于2003年3月1日的《中华人民共和国农村土地承包法》(以下简称《农村土地承包法》)规定流转集体林地时需经2/3以上村民或村民代表同意。也就是说，20世纪90年代到《农村土地承包法》生效前，村委会或村组签字的流转合同具有法律效力；《农村土地承包法》实施后，集体林地流转合同需经2/3村民或村民代表的同意才生效。在2008年林改后流入承包林地的，必须经过承包户同意，无需2/3以上村民或村民代表的同意。因为，根据《中华人民共和国物权法》的规定，集体经济组织成员拥有的林地承包经营权具有成员所有权与用益物权的双重性质。当然，为降低合同订立成本，村委会或其他人可以在承包农户授权情况下代签合同，但如果没有授权证明，流转合同就会存在效力瑕疵。

三、林权流转合同的期限与租金支付方式存在较大的法律与市场风险

企业普遍承认因林地流转合同期限长导致租金偏低的不合理现状，因此不同程度地提高了租金，但同时担心出让方会不断提出提高租金的诉求。一般来说，在信息基本对称情况下，合同双方会根据合同期限与租金支付方式约定双方共享收益与分担风险机制。对于期限较短的合同，固定租金是双方均易接受的方式，而对于期限较长的合同，收益分成是利润与风险共

担的选择。但由于对经营收益的监督成本较高，往往令出让方对收益分成方式望而却步，最终还是选择较高的租金。因为合同期限过长，很容易发生因价格波动发生的违约现象，而且，期限过长相当于产权转移，不符合租赁合同的债权性质。因此各国的《合同法》对租赁合同期限都做了上限规定，对于超过上限的租赁合同，法律允许合同一方将合同期限缩短到上限的年限。我国《合同法》规定，租赁期限不得超过 20 年，超过部分无效。根据森林经营周期，一般林地租赁合同均在 20 年以上，我们所调研的 8 家企业流入林地的最低期限为 20 年，最高为 50 年。若按我国《合同法》的规定，几乎所有林权流转合同都存在期限突破法律上限的问题，其中某企业因此被起诉，最终不得不缩短合同期限。显然，我国《合同法》这一规定不适合森林经营领域，不利于引导社会资本进山入林。

四、有效保护人工林经营权的建议

产权制度是社会主义市场经济的基石。2016 年发布的《中共中央 国务院关于完善产权保护制度依法保护产权的意见》明确提出，平等与全面保护非公有制经济的物权、债权等各种财产权。《中共中央办公厅 国务院办公厅关于完善农村土地所有权承包权经营权分置办法的意见》中指出，鼓励深入研究承包农户和经营主体在土地流转中的权利边界。结合人工林经营权调研结果，提出如下建议：

1. 厘清林权证记载的“四权”法律性质

现行《林权证》由记载林权状况的行业习惯演变而来，并不

完全具备《中华人民共和国物权法》所规定的不动产权属证书性质。按照《不动产登记暂行条例》的规定，《林权证》记载的林地所有权、森林或林木所有权属于物权，森林或林木使用权属于债权。林地使用权分为物权和债权两种：由农村集体经济组织成员承包到户获得的林地使用权，即林地承包经营权属于物权，可以作为不动产权利进行登记；由流转合同取得的林地使用权性质为债权，受《中华人民共和国合同法》保护。这一规定既符合法理，也可以从制度根源上避免不同主体对同一宗林地持有权属证书导致的林权纠纷。值得一提的是，与过去产权改革不同，分别于 2014 年和 2016 年出台的《不动产登记暂行条例》和《自然资源统一确权登记办法》非常注重确权登记的衔接性：不动产权利人已经依法享有的不动产权利，不因登记机构和登记程序的改变而受到影响；已经纳入《不动产登记暂行条例》的不动产权利，在自然资源确权登记时不再重复登记，涉及依法调整或限制已登记的不动产权利的，及时记载于不动产登记簿。因此，在进一步放活集体林经营权的制度设计与实施过程中，不仅要注意历次林权之间的衔接，还要重视与不动产登记、自然资源确权登记制度之间的衔接。

2. 强化林权流转合同的法律效力

除转让合同可以申请权属变更登记外，大多数人工林流转合同均为租赁合同。按法理，流转合同同样可以作为经营主体在合同期内拥有经营权的法律依据。但在实践中，无论是政府官员、企业还是农户，对此尚存在误区。因此，在林木采伐、林权抵押贷款等行政审批事项中均要求申请人提供林权证，降低了合同应有的确权效力，这也是各经营主体希望取得林权证的制度性原因。因此，应强化林权流转合同的法律效力。国家林业和草原局于 2018 年 5 月出台的《关于进一步放活集体林经营权的意见》已经意识到合同签证可以作为林权抵押、林木采伐等行政审批的依据，但停留在鼓励层面。笔者建议：应明确规定申请人在申请林木采伐、林权抵押等行政审批事项时，应提供林权证、或林权流转合同、或合同鉴证等，作为证明权利的合法依据。强化林权流转合同法律效力，也有利于对不同时期的人工林流转合同进行分类管理。

3. 增加人工林经营最高期限与收益共享、风险共担机制的规定

如前所述，人工林流转合同期限与租金支付方式存在法律与市场风险。首先，建议结合我国《合同法》的规定和森林经营期限特点，按照大多数林种的轮伐期，规定林权流转合同期限不得超过 2 个轮伐期或 30 年。其次，鼓励和引导人工林流转合同采取"实物计租，货币结算"的方式确定流转价格，即按照一定蓄积的活立木或一定立方的木材确定租金，并以租金支付时的活立木或木材市场价格进行结算。这种定价方式可以根据活立木或木材市场价格的涨跌形成收益共享、风险共担的利益分配机制。合理的合同期限和利益分配机制，对引导社会资本进山入林、稳定正常的经营秩序具有重要的保障作用。

撰　稿

南京林业大学经济管理学院：张红霄

加强林业文化遗产保护的建议

我国悠久的林业历史，造就了类型多样的林业文化遗产，具有宝贵的传承和利用价值。但是，在当代经济社会快速发展的大背景下，许多林业文化遗产正面临被破坏和消失的危险。党的十九大报告明确提出“加强文物保护利用和文化遗产保护传承”的要求，为林业文化遗产保护传承工作指明了方向。在中国特色社会主义新时代，以“绿水青山就是金山银山”的生态文明理念为引领，林业文化遗产保护工作应该受到更多的重视并取得更大的发展。当前启动林业文化遗产保护工作的条件已趋成熟，加强遗产的认定与管理工作尤为重要。

一、我国林业文化遗产保护的现状

林业文化遗产是我国勤劳智慧的人民在长期生产生活实践中，与自然和谐共生，保护、培育、创造并传承至今的独特的森林景观、园林景观、古树名木、林业种群、护林碑刻、森林产品、林业生产技术体系、林业传统知识和林业传统习俗等有较高价值的物质和非物质林业历史文化资源。从类型上，林业文化遗产分为林业物质文化遗产和林业非物质文化遗产。林业文化遗产地包含一种或者多种遗产类型。

现有的林业文化遗产保护工作没有形成完整独立的体系。有一些作为世界文化遗产的重要组成内容，如列为世界文化遗产的北京天坛公园中的古柏树群，明十三陵的古树，山东曲阜孔林的古树群；列为世界自然与文化双遗产的泰山、黄山也包含相当部分林业文化遗产内容。在全国林业文化遗产中，当然还有相当数量存在于林业自然保护区和森林公园中。如浙江天目山自然保护区的柳杉古树、山西灵空山自然保护区的油松古树、山东沂山国家森林公园的东镇神山文化等。这种做法虽然在一定程度上保护了部分重要的林业文化遗产，但也降低了林业文化遗产的显示度和对社会应有的贡献。从科学性上说，林业文化遗产的保护传承，有其自身的特殊规律性，应该建立独立的遗产管理体系，以使之受到更合理的保护和更有效的利用。

与农业部门相比，林业文化遗产保护和管理工作相对滞

后。农业部(现为农业农村部)于 2013—2017 年已公布 4 批、91 项中国重要农业文化遗产。在公布的名单当中，与林业相关的文化遗产有 51 项，包括水果、干果、茶、桑等类型，约占总数的 56%。受自然和人为因素的影响，许多宝贵的林业文化遗产濒危。一方面，受气候变化、环境污染、城镇化及农药化肥使用等不良影响，许多古老的森林和树木生长的自然环境出现恶化趋势。另一方面，受社会发展阶段的制约，人们普遍存在着对林业传统文化的价值认知偏差，保护意识淡薄。同时，由于相关理论研究支撑不足，政策法规、管理体制和协调机制不健全等，致使林业文化遗产保护滞后，面临诸多问题。如有些地方的古代林业碑刻被砸碎、散落在荒草之中，得不到整理；有些地方的古果林被嫁接上所谓的新品种；有些地方的森林古群落被改造成农田，或被道路、建筑等分隔而碎片化等。2018 年机构改革后，林业部门新增的国家公园和保护地管理职能，为林业文化遗产保护工作带来了新的机遇。解决林业文化遗产保护与发展存在的矛盾和问题，需要转变发展观念、改革政策机制，不断探索新的发展策略和路径。

二、新时代加强林业文化遗产保护的重要意义

1. 加强林业文化遗产保护，是落实习近平新时代中国特色社会主义思想的重要举措

习近平总书记高度重视历史文化遗产保护工作，要求“让文物说话、把历史智慧告诉人们，激发我们的民族自豪感和自

信心”。强调“让收藏在博物馆里的文物、陈列在广阔大地上的遗产、书写在古籍里的文字都活起来。”提出“保护为主、抢救第一、合理利用、加强管理”的工作方针。保护林业文化遗产不仅是弘扬中华民族优秀文化，也是贯彻党的十九大精神和习近平新时代中国特色社会主义思想的实际行动。

2. 加强林业文化遗产保护，是实施乡村振兴战略的有益途径

乡村振兴离不开乡村文化的繁荣兴盛。乡村古树、百年果林等林业文化遗产是乡村传统文化的重要组成部分，保护和利用林业文化遗产有利于拓展现代林业的社会功能，创新林业发展方式，丰富森林旅游资源，提升文化品位，促进林农就业增收，助力乡村振兴，推进生态文明建设。

3. 加强林业文化遗产保护，是增强可持续发展能力的必然选择

保护传承林业文化遗产有利于借鉴并汲取传统林业文化精髓，促进传承与创新的结合，延续生物多样性，深化林业科学研究，增强现代林业发展的全面性、协调性和可持续性。有利于我国林业历史文化的传承，展示劳动人民长久以来顺应自然和利用自然的生产生活智慧，向社会宣传“天人合一”的优秀思想，促进人与自然和谐共生。

三、加强林业文化遗产保护的措施

1. 启动林业文化遗产的挖掘和认定工作

林业文化遗产的发现和挖掘工作，是林业文化遗产保护的前提。这项工作应该以县域调查为基础自下而上地开展，县级林业行政部门对县域内存在的林业文化资源进行调查，考察并记录它们的特征、起源、分布、价值和变化等。在此基础上进行初步筛选，然后上报省级部门，最后由国家林业和草原局权威认定、公布。

经过近几年的研究，我们认为，林业历史文化资源被相关部门认定为林业文化遗产应具备以下的标准和条件。

(1) 历史性

该林业历史文化资源历史悠久，重要文化遗产从形成至今应有至少 100 年的历史，并且本地是主要森林物种的原产地，也是相关品种和栽培技术的创造地或重大改进地。本资源对当地的自然条件具有较好的适应性，积淀了较完善的传统知识与技术体系。

(2) 独特性

该历史文化资源能提供独具特色和显著地理特征的产品和服务。既包含一般意义上的传统林业知识，还拥有参天古树、结构复杂的林业景观，以及珍贵稀少的林业生物资源、丰富的生物多样性、别样的地域风俗文化等。

(3)人文性

该历史文化资源拥有文化多样性，在社会组织、精神、宗教信仰、哲学、生活和艺术等方面发挥重要作用，在和谐社会建设方面具有较高价值。具有景观生态美学特征，在发展森林和乡村旅游方面有较高价值。

(4)实用性

该历史文化资源具有林产品生产、就业增收、生态稳定、观光休闲、文化传承等多种功能，在生物多样性保护、水土保持、气候调节等方面作用明显，对林业发展以及科学研究具有重要价值，对于其他地区有一定的推广应用价值。

(5)濒危性

该历史文化资源一旦遭受破坏将难以恢复，会产生林业生物多样性减少、传统林业知识丧失以及生态退化等风险。该资源已经并正受到多种因素的负面影响，有必要采取保护和抢救措施。

2. 加强林业文化遗产的管理

(1)建立组织与管理制度

组织建设是林业文化遗产保护与发展的重要保障，要尽快成立相应的领导与管理机构，明确管理人员及其职责。建议由国家林业和草原局负责林业文化遗产发掘认定工作，并进行宏观指导；完善规章制度，制定林业文化遗产管理办法。省级林业行政部门负责本区域林业文化遗产管理工作。遗产地人民政府应承担遗产保护与管理的主体责任，依照有关规定，制定管

理制度，编制保护与发展规划，并纳入当地的国民经济和社会发展规划，按规划要求组织落实。建立鼓励社会力量参与林业文化遗产保护的机制。

(2)规范申报条件和程序

建议县级或市(地)级人民政府作为林业文化遗产的申报主体。对跨行政区域的林业文化遗产，可联合申报。申报的林业传统体系，应符合国家林业和草原局发布的认定标准。各林业传统体系所在地的县级或市(地)级人民政府按照申报要求准备申报材料，报送至省级林业行政管理部门。各省级林业部门对本辖区内的申报项目进行严格筛选评审后，将申报材料、审核意见上报国家林业和草原局。国家林业和草原局组织专家评审(可分初评、实地考察和终审等环节)，形成专家意见；国家林业和草原局根据申报材料、各省级部门的审核意见以及专家意见，认定林业文化遗产，并按批次向社会公布认定结果。

(3)加强保护、传承和利用

遗产地应当根据林业文化遗产保护的需要，明确划定核心保护区域范围，设立专门管理机构，将管理工作所需的经费纳入财政预算，进一步拓宽资金渠道和利用方式。遗产地人民政府应当积极宣传林业文化遗产，拓展遗产系统的多功能。应符合保护与发展规划的要求设置服务项目，并与历史和文化属性相协调，遵循公平、公正、公开和公共利益优先的原则。对遗产的开发利用，应当广泛吸纳林农参与，构建以林农为核心的共建共享机制。建议林业文化遗产统一使用国家主管部门公布的唯一标识，并对标识、遗产地标志和遗产展示厅设置作出规

定。加强宣传林业文化遗产概念内涵、传统技术、景观资源、历史文化及民俗风情。组织开展教育参观、休闲旅游等活动。组织或者协助有关部门开展林业文化遗产的科学研究，通过多种途径宣传普及林业文化遗产知识，促进其传承和社会共享。

(4)完善激励和监督机制

遗产地的林业文化遗产管理机构应当按国家及当地有关管理制度、规划，进行统一管理。建立档案，并采取有效措施，保护遗产地的生态环境、林业传统文化。实施对林业遗产保护的监测与评估。探索建立政策激励机制，基于评估结果，依据其生态和社会效益的高低，对经营主体进行生态和文化补偿。对因保护和管理不善，致使真实性和完整性受到损害，且按上级要求整改不到位的林业文化遗产，应由国家林业和草原局撤销遗产认定资格。对造成的损失，依照法律赔偿并追究相关责任。

撰　稿

中国林业科学研究院林业科技信息研究所：樊宝敏

关于健全集体林权流转保障机制的建议

在集体林权制度主体改革完成之后，我国一直将推进集体林权规范有序流转作为深化集体林权制度改革的重要内容之一。浙江农林大学经济管理学院长期关注集体林区林权流转，在浙江、江西和福建三省开展了大样本的调查，针对现阶段集体林权流转市场不够活跃的原因进行探究，并提出了健全集体林权流转保障机制的政策建议。

一、集体林权流转市场的现状和问题

截至2016年年底，全国集体林权流转林地面积为2.67亿亩，占已确权集体林地面积的9.97%。而作为我国集体林权制度改革的先行省份，目前浙江、福建和江西的样本户林权流转

面积占农户家庭经营比例分别为16.65%、10.69%和25.57%。虽然目前中央乃至地方政府建立和出台了一系列鼓励林权流转制度和政策，但从现实调研来看，仍存在林权流转市场不够活跃，流转数量和比例不高，部分流转林地出现闲置和农户流转意愿低等现象和问题。其原因需进一步分析。

二、集体林权流转市场不够活跃的主要原因

1. 林权流转市场主体的原因

(1)产权不稳定性和流转期限受限，造成转入方法律和经济风险增大

新一轮集体林改发放或更换了新的林权证，但现实中由于历次林权变动在很多地方仍然存在“同地多证”、图证不符、证地不符等现象，容易引发林权纠纷。另一方面，新修订的《中华人民共和国土地承包法》要求集体山林流转合同的签订需经2/3及以上村民同意，或有承包农户的授权证明情况下可由村委会或其他人代签。但现实中仍存在部分承包方流转合同签订不规范或缺少授权证明，因此权证不符和流转合同欠规范直接给转入方尤其是外来的工商资本投资林业带来了极大法律风险。同时，根据我国《合同法》规定，流转合同的法定期限最长为20年，在现实的工商资本投资营林中，由于对营林长周期和初始投入大等规律缺乏客观认识，以及外部产品市场的宏观经济和价格波动，导致部分工商资本往往无法在合同规定的期限内收回成本甚至出现违约情况。因此，林权流转合同期限受

限难以适应营林长周期的客观规律，收益权难以长期保障，导致转入方流入意愿不强烈。

(2) 林地的细碎化导致集体林权流转市场交易成本高

林改使得林权明晰到户，但也带来了林地的细碎化经营，调研结果显示，目前在浙江、江西和福建三省的样本户户均地块数达到 3.89 块。林权细碎化经营造成了流转交易成本的增加，给集体林权流转带来了很大不便。

(3) 林业金融保障机制不健全，抑制了林地流入和投资意愿

近年来，营林成本不断上涨带来了林农资金需求的增加。2017 年浙江、江西和福建三省样本户的用材林造林和抚育平均成本分别达到了 2300 元/亩和 450 元/亩。虽然地方政府推出了林权抵押贷款政策来缓解林农资金约束，但仍主要依靠政府推动，市场主体参与较少，且抵押物缺失、抵押率偏低造成投资主体的“贷款难”。调查发现，有林权抵押贷款需求的农户中仅有 25%的农户申请了林权抵押贷款，而仅 16%的农户最终申请成功。资金来源渠道受限和营林成本上升，导致投资主体利润空间不断缩减，造成林地流入和营林意愿的降低。

(4) 山区农户非农就业不稳定和对林地的依赖性，限制了农户林权流出意愿的提升

由于自身素质等原因农户无法从非农就业中获得充足而稳定的收入。来自南方集体林区 10 个省份的农民工数据显示，2016 年与雇主或单位签订了劳动合同的农民工比重仅为 35.1%。非农就业不充分和不稳定导致山区农户的非农生计难以完全替代传统的营林生计。另一方面，由于目前缺乏完善的

城乡统筹社会保障体系以及都市高昂的生活成本使得农民难以真正融入城市，因此对农村土地依赖程度并没有明显降低，据课题组在浙江、江西和福建三省的调查，山区农户家庭户均林业收入水平始终稳定维持在13000元左右。林地尚未退出社会保障的角色，因而大部分农户不愿意将林地长时间转出以防范生计风险，这导致林权流出意愿难以有效提升。

2. 林权流转市场及配套政策体系的原因

(1)规范化的林权流转市场平台和中介组织的缺失，制约了林权流转市场的进一步发育

现有林权流转交易以双方协商为主，规范化的林权流转市场平台和中介组织缺失，体现在流转交易和供需信息提供、林地资产评估以及相关后续服务难以满足流转主体的需求，进一步导致了流转市场信息不对称，制约了林权市场化的流转规模。

(2)林业社会化服务体系的不完善，难以满足适度规模经营需求

林权流转的目的是为了实现适度规模经营，而适度规模经营需要健全的林业社会化服务和政策体系来配套支持。但相对于农业，目前林业社会化服务体系明显不健全。一是现有的林业社会化服务供给主体主要是政府创建或控股的林权管理中心和乡镇林业站，一些林业生产环节服务如造林采收、病虫害防治，没有形成有效社会化服务市场组织，使得专业化服务成本难以有效下降。二是现有林业社会化服务政策覆盖面有限。现

有林业政策扶持资金对营林准公共品建设和社会化服务体系（如林业基础设施、林技和林机服务、林业电子商务、营林专业队）等政策支持相对缺乏；三是林业专业人才不足，无法直接对接规模化经营的需要。

三、健全集体林权流转保障机制的政策建议

综上所述，林权流转市场不够活跃的原因错综复杂，既与林业自身特点和整个农村经济社会发展所处的阶段性相关，也与目前林权流转保障机制尚未健全和规范有直接联系。林草部门今后在林权流转的工作上需健全林权流转保障机制，为集体林区林权流转提供良好的外部环境。鉴于此，提出以下政策建议：

1. 扩大《林地经营权流转证》试点，真正实现“三权分置”

针对林地流转过程中林地所有权与承包权、经营权分离的情况，借鉴浙江经验，在全国范围内扩大《林地经营权流转证》的试点。针对流入户单独制作《林地经营权流转证》，流入户可将流转证以优惠利率向银行抵押贷款，同时也可以将其作为林木采伐和其他行政审批等事项的权益证明。通过经营权流转证，真正实现所有权、承包权、经营权的“三权分置”，一方面保障农户的承包权，同时又可保护承包方在林权流转中的经营权和收益权，有效降低流转合同不规范、二次转包所带来的经营风险。

2. 鼓励“股份合作经营+新业态”，构建利益共同体

借鉴浙江省浦江县林地股份合作制改革经验，鼓励林农依托成立村级林地股份合作社，通过对外招商投标与工商资本建立合作机制。引导农民把依法获取的林地承包权转化为长期股权，形成以工商资本出资、村集体或农户以林地入股，参与投工就业共同开发当地林业的股份合作经营新模式。在具体股份合作经营中，强化流转合同的法律效力，保证工商资本依托林地经营权获取林业生态的财政转移支付，降低工商资本投资林业的资金压力。在不改变林地用途的前提下，积极鼓励工商资本发展森林旅游和康养、森林碳汇等林业新兴产业。

3. 完善林业金融服务产品和林业补贴政策，提升经营者营林积极性

创新和完善林业金融服务产品。积极开发适合地方营林特色的林权抵押贷款品种，适度提高林权抵押率，探索开展林业经营收益权和公益林补偿收益权市场化质押担保贷款，同时允许工商资本使用流转合同申请办理林木采伐或林权抵押贷款等业务。鼓励和引导市场主体对林权抵押贷款进行担保，并对出险抵押林权进行收储。

建立长期稳定的林业补贴资金政策体系。改变项目形式的林业补贴政策，借鉴农业直补政策，对林业规模经营主体每年给予稳定林业补贴，并根据地区和成本差异，实施差异化补贴和动态调整机制。拓展补贴类型，从单纯的营林补贴延伸到全产业链和林业社会化服务体系，如小型林业机械购买、灌溉设

施建设和林产品电子商务、林技和林机服务、营林专业队组建等领域。

4. 加快林权流转市场组织体系建设，提升林权流转服务水平

依托地方相关部门建立林地流转服务的线上和线下平台，农户可在家中收集林地流转信息、完成林地资产评估、流转合同确定等流转相关事宜。同时，在重点林区县(市)积极培育林地流转的社会中介服务组织，为林地流转供需双方提供市场信息发布、资产评估、协助交易、合同保管、林权抵押和森林保险协助办理等各类服务。

撰　稿

浙江农林大学：朱　臻　沈月琴　李博伟　徐秀英　李兰英　刘　强

国家林业和草原局经济发展研究中心：赵金成

木本种质资源是国家的战略资源

我国是世界公认的物种多样性中心之一，有高等植物 3.5 万多种，占全球总数的 12%，其中木本植物 9000 多种，在全球居于重要地位。充分认识木本种质资源的战略意义，解决存在的问题，对于践行“绿水青山就是金山银山”新理念，提升我国生物经济核心竞争力意义重大。

一、木本种质资源保护利用的战略意义

1. 木本种质资源保护利用是践行“绿水青山、金山银山”的根本途径

国内外实践证明，选育木本植物可以有效造就绿色产业。巴西用占全国 1.56%的林地发展速生丰产人工林，不仅解决了

全国70%的用材、保护了98%的天然林，而且还使巴西成为全球第二大木浆出口国。我国有重要开发价值的木本植物1000多种。浙江的香榧，产果期1000多年，有的一棵香榧树农民收益达十几万元，成为“绿水青山就是金山银山”最生动的诠释。

2. 木本种质资源保护利用是提升我国生物经济核心竞争力的重要保障

生物经济是21世纪最具潜力的经济领域，种质资源是生物经济的基础。我国3.5万多种高等植物一半以上仅在中国分布，是我国开发功能性食品、保健品、药品等生物产业的宝库。目前，德国的保健品达3000多种，日本达2000多种，美国达1000多种。加强我国木本植物的保护与研发利用可为我国占领生物经济制高点提供保障。

3. 木本种质资源保护利用是实现中华民族永续发展的战略举措

目前，全球已建成种质资源库1750座，共保存3740多万份关乎人类未来的火种。建在挪威位于北极圈内的斯瓦尔巴德全球种子库，已收到来自100多个国家的1亿粒种子，理论上在这里保存的种子存活时间可达万年之久。一般种质资源库保存期可达200～1000年。建立健全我国木本种质资源库，对实现中华民族永续发展意义重大。

二、我国木本种质资源保护利用存在的问题

1. 保护体系不健全

2010年《生物多样性公约》第10次缔约方大会通过的《全球植物保护战略》确定，至少75%的濒危植物通过迁地保护的方式收集保存，最好保存在其原产国，并且其中20%的物种应在生态恢复项目中得到种群重建。我国只有50多个树种开展了全面系统评价，选育了良种，仅占9000多种木本植物的0.56%，一些具有重要开发价值的树种，没有建立种质资源库，没有选育出良种。

2. 投入严重不足

种质资源原地保存库、异地保存库和设施保存库建设进展缓慢，设施设备落后，难以开展深层次的评估鉴定、监测预警、育种创新、研发利用、优良品种推广等工作，难以把这一战略资源的潜在价值变成现实价值。

3. 研发利用力度不大

一些具有重要开发利用价值的木本植物树种如山桐子(油葡萄)、元宝枫、杜仲、三叶木通等没有纳入国家重点研发计划目录，很难获得研发经费支持，更难以形成研究利用的成果。我国宝贵的资源只能供发达国家享用。如：银杏是我国的特有树种，主要资源在中国，德国没有银杏资源，但德国银杏生物产业做到了世界最大。又如：我国占有世界上95%以上的

杜仲资源，而日本利用杜仲叶、果、花、皮生产保健品、食品添加剂、橡胶，形成了世界一流的杜仲生物产业。

三、加强木本种质资源保护利用的建议

1. 提高认识，把木本种质资源保护利用提上战略位置

木本植物发挥着陆地生物基因庇护所和主体基因库的核心作用，是基因工程的源泉性资源，是国家最重要的战略资源，“一个物种可以左右一个国家的经济命脉，一个基因可以影响一个民族的兴衰”。据国际专家研究，1995 年全球生物多样性对人类的贡献达到 33 万亿美元。科学家预测，生物经济将会取代信息经济，而成为全球经济的又一个战略制高点。各有关部门应把加强木本种质资源的保护和研发利用提上战略位置，为我国未来的经济竞争打下坚实的基础。

2. 实施木本种质资源保护工程，为子孙后代留下珍贵的自然遗产

尽快编制实施《全国木本种质资源保护工程规划》，加大资金投入。开展全国性的木本种质资源普查。建立起国家、省两级原产地库、异地库和设施库三种保存方式的保护体系。

3. 加大研发利用力度，充分发挥木本种质资源在生物产业中的特殊作用

山桐子(油葡萄)、杜仲、元宝枫、沙地桑、文冠果等是我国特有或具有明显优势的树种，具有很高的开发利用价值，对带动农民脱贫致富、维护生态安全和粮油安全、发展生物医药

和保健品、解决饲养业的防疫和污染问题及维护木材安全，乃至建设美丽中国、健康中国，都具有重大意义，尤其适合我国广大山区和贫困地区，特别是“三北”地区发展。建议有关部门将这些树种的生物开发列入国家重点研发计划目录，加快新食品原料、保健品及药品的审批，加强金融支持和良种培育，在适生山区、沙区、贫困地区重点推广。

撰　稿

国家林业和草原局：封加平

把元宝枫做成我国特有的生物产业

元宝枫为槭树科槭树属落叶乔木，是我国特有树种，集生态价值、经济价值、食用价值、保健价值、医用价值、材用价值、观赏价值于一身，在我国有 23 个省(自治区、直辖市)分布和种植。特别是元宝枫油含 5% ~7%神经酸，有多种活性化合物，可以形成我国特有的生物保健品、生物医药产业，极具开发潜力。

一、元宝枫是一个尚未受到重视的中国国宝

1. 籽油富含神经酸，保健医用价值高

2005 年我国科研人员发现元宝枫油含有 5% ~ 7%神经酸。

神经酸又称鲨鱼酸，是人体神经纤维和神经细胞的核心成分，是目前发现的唯一能修复神经纤维和促进神经细胞再生的双效物质。1926 年，日本从鲨鱼脑组织中提取神经酸。1972 年英国发现鲨鱼脑组织受重创后，由于神经酸修复脑神经纤维的神奇作用，不久能自动恢复功能。日本等国科学家研究证明，神经酸对艾滋病逆转录酶有很强的抑制作用。我国和美、英、法、德、加拿大、新加坡等国科学家分别研究认为，神经酸对预防和治疗老年痴呆、中风、帕金森、脑萎缩、癫痫、抑郁、焦虑症、失眠症、脑瘫有不同程度的作用。捕杀一头鲨鱼仅能提取 5 克神经酸，1000 克元宝枫油目前的技术可提取 28 克神经酸。

2. 可解决畜禽疫病预防和污染问题，对治理养殖面源污染和维护畜禽类食品安全具有特效作用

四川省仁寿县元宝农业科技有限公司生猪养殖基地，以元宝枫叶、果皮萃取、提取物制成抗氧化粉、液，加入饲料供畜禽食用。自 2009 年以来，畜禽从未进行过疾病防疫，降解 3 个月后肉质达到欧盟标准 354 项指标。粪便降解后直接形成高效有机肥，粪便实现了无臭味、无农残、无污染。目前生猪年出栏 10 万头。这一新技术对实现畜禽养殖无抗生素、无激素、无农残、无重金属污染，保障食品安全、治理面源污染具有重要意义。

3. 籽油产量高，经济价值高

元宝枫盛果期每亩产籽可达 500~1000 千克，每亩产油 100

~150 千克，目前市价为每千克 5000 元以上，仅产油一项，每亩年产值达 20 万元。1 千克油可提取 28 克神经酸，150 千克油可提取神经酸 4.2 千克。1997 年每千克神经酸价格 18 万美元，目前国内每千克神经酸价格约 100 万元人民币。

二、元宝枫开发利用存在的主要问题

1. 产品尚未取得市场准入许可证，影响产业化进程

元宝枫果、叶、皮可制成食品、保健食品、特殊医学用途配方食品和药品，但必须获得行政许可。由于元宝枫是新发现的食品药品资源，涉及市场准入行政审批事项多、耗时长，这是影响元宝枫产业化的重要因素。

2. 未列入国家重点科研计划指导目录，对深入系统研究、深度开发不利

西北林学院原院长王性炎教授曾承担了元宝枫“八五”攻关课题和“九五”攻关课题。此后 20 年来对元宝枫的良种培育、无性繁殖、元宝枫油和叶的保健医用功能及机理、神经酸的临床效果等没有进行全面深入系统研究。目前，元宝枫未列入国家重点科研计划指导目录，国家及省有关部门也无法安排科研项目资金。科研投入不足，不利于元宝枫的系统研究和深度开发。

3. 引导力度不够，缺乏大企业参与

知道元宝枫作用价值的人很少，没有把元宝枫纳入三北防护林、退耕还林、京津风沙源治理等重点工程重点推广的树

种。特别是缺乏大企业大资本的参与，元宝枫开发利用没有像苹果、油茶、核桃那样受到普遍重视并形成规模。

三、加快元宝枫开发利用的建议

1. 加快元宝枫产品市场准入审批，推进产业化进程

元宝枫可以形成中国特有生物保健品产业、生物医药产业，具有巨大的国内国际市场，对绿化山区、实现农民脱贫致富、乡村振兴、建设美丽中国和健康中国都具有重要作用。这些作用的发挥都有赖于元宝枫产品能够进入市场，形成系列产品，提升资源利用率。重庆美凯尔集团生产的元宝枫油神经酸胶囊、元宝枫茶、元宝枫咖啡三种产品，经美国食品药品管理局(FDA)批准，已销售到美日等30多个国家。有关部门对元宝枫产品市场准入审批应给予特别关注，提供绿色通道以缩短审批时间，尽快使元宝枫产业形成规模，更好地造福人民。

2. 将元宝枫研发列入国家重点科研计划目录，加大研发力度

我国有60岁以上人口2.37亿，全球有9亿，每年有2500万老年痴呆症患者。目前，全球尚无治疗老年痴呆、脑萎缩的有效药物，在成千上万种肿瘤治疗药物中真正有效的也很少，而且副作用很大。元宝枫为生产治疗这些顽症并且无任何毒副作用的药物展示了新的希望。目前，急需将元宝枫列入国家重大科研计划项目，并纳入中国“脑计划”研究项目，给予重点支持。同时积极鼓励支持企业深度研发元宝枫系列产品。

3. 将元宝枫列为重点推广树种，在沙区、山区、丘陵区、黄土高原区、贫困地区重点推广

将元宝枫列入退耕还林、三北防护林等林业重点工程重点发展树种，在沙区、山区、丘陵区、贫困地区建立示范基地；在养殖业逐步加大力度推行元宝枫饲料、养殖技术，发挥其在维护畜禽食品安全、防治重大疫病、治理面源污染中的特殊作用。支持中林集团、中粮集团、中国化学集团等央企及元宝枫龙头企业发挥各自优势，参与元宝枫产业开发，带动全国元宝枫产业发展。

撰　稿

国家林业和草原局：封加平

关于推进粤港澳大湾区生态环境保护与生态系统治理的政策建议

编者按：建设粤港澳大湾区是以习近平同志为核心的党中央立足全局和长远提出的重大国家战略。为更好地发挥学会的智库功能，为国家重大战略的实施提供咨询服务和科技支撑，2019年9月，由中国林学会牵头，联合全国十多家学会、科研机构、中央企业及来自林业、环境、水利、海洋、气象、能源等领域的8名院士、50多名专家，开展了粤港澳大湾区生态环境保护与生态系统治理联合调研，形成了调研总报告和生态系统治理等6份专题报告。在此基础上，调研组提出了《关于推进粤港澳大湾区生态环境保护与生态系统治理的政策建议》，供领导参阅。

一、粤港澳大湾区生态环境保护与生态系统治理成效

粤港澳大湾区是中国开放程度最高、经济活力最强、生态环境基础好、绿色发展质量高的区域之一。大湾区生态环境保护与治理起步较早、成效明显，处于全国领先地位。大气环境成为全国率先实现稳定达标的区域，东江、北江、西江水质优良，城市饮用水水源地水质稳定达标。森林、湿地、海洋等自然生态系统得到了较好的保护，珠三角九市是全国首个国家级森林城市群，森林覆盖率达到 51.84%，接近热带雨林国家巴西的水平(世界排名第三)。各类自然保护区、湿地公园、海洋公园、郊野公园丰富，红树林面积回升，大湾区气象监测、预报预警和服务工作发展较为成熟，成为国内服务体系最全、保障领域最广、服务效益最为突出的区域之一。大湾区内太阳能资源丰富，光伏和海上风能发电量逐年上升，可再生能源使用占比逐步增长。总体来看，大湾区基本具备建成生态环境高品质世界级城市群、世界一流美丽湾区的基础。

二、面临的主要问题和挑战

粤港澳大湾区生态环境保护与生态系统治理面临以下六大问题和挑战。

1. 生态环境承载压力大，跨境、跨界生态环境重点问题亟待解决

大湾区历经长期高强度的工业化、城镇化发展，大部分地区资源环境承载能力已接近或超过上限。大湾区 PM2.5 污染防治、城市黑臭水体治理、环境基础设施欠账、跨界水体污染等环境问题仍待解决，臭氧(O_3)、挥发性有机物(VOCs)、港航污染、海漂垃圾等新型环境问题日趋凸显。由于粤港澳三地发展历程和阶段不同，在环境标准、环境执法等方面存在巨大差异，相互间生态环境保护诉求协调难度较大。

2. 生态系统脆弱，功能发挥不完善

珠三角九市森林的单位面积蓄积量不足全国平均水平的2/3；树种结构不太合理，森林质量不高，改造难度大；林业有害生物灾害防控形势严峻，生态系统脆弱；自然保护地功能没有得到充分发挥；湿地、红树林保护力度不够，林地保护开发与利用矛盾日益突出。

3. 水安全领域存在突出短板，抗风险能力弱

大湾区水资源、水安全保障能力不足，城乡居民人均用水量高于全国平均水平；水环境污染问题仍然突出，水库蓝藻水华等富营养化现象时有发生；水资源保障不充分、不平衡；流域水利监管能力不足。

4. 海洋资源与生态环境保护压力大

海洋资源开发利用强度较大，近岸海域水环境质量面临进一步恶化的压力。海岸带开发利用强度较大，自然岸线显著减

少，岸线利用效率相对偏低。航道开发缺乏规划，航道资源破坏风险加剧。珍稀水生野生动物保育面临难题。陆海统筹衔接不够，三地海洋防灾减灾观测预报和监测数据共享不足。

5. 气象防灾减灾和应对气候变化存在挑战

在全球气候变化背景下，大湾区气温上升，极端气候事件趋多趋强。台风、暴雨、高温、干旱、强对流、低温等气象灾害种类多、发生频率高。海平面上升对沿海经济发展和生态环境产生不利影响。登陆台风强度和破坏度增强，防御难度加大。气候带北移，农业产量不稳定性增大，病虫害加重。大气自净能力下降，珠江流域咸潮加剧，季节性缺水频率增大，对大湾区可持续发展构成严峻挑战。

6. 能源结构不合理

大湾区能源供应结构中煤炭、石油占比超过 50%，远高于国际三大湾区。2017 年大湾区煤炭能源消费量达 6094 万吨，发电结构仍以化石能源为主，2017 年大湾区电力总装机容量 5232 万千瓦，其中煤电占比约 50%，可再生能源发电占比不足 7%。

三、国际经验借鉴

调研组分析借鉴了世界一流湾区建设经验，以期为我国湾区建设提供参考。可资借鉴的主要经验如下。

1. 建立有效的湾区生态环境协调管理机制

纽约湾区由独立的非营利性区域规划组织——纽约区域规划协会主导跨行政区域环境保护的统筹协调规划。东京湾区由政府主导，大都市整备局负责湾区的基本规划，具有行政效力。

2. 注重中长期发展规划

旧金山湾区每5年做一次城市规划，在开发建设中保留农田、林地，以优质的自然、文化环境吸引高端人才及一流企业。东京湾区先后5次制定基本规划，重视生态保护，强调城市可持续发展。

3. 依靠科技进步解决生态环境问题

旧金山作为全球清洁能源研究中心，依托劳伦斯实验室，225家清洁技术企业总部设在旧金山，吸引着越来越多的清洁技术企业。

4. 推动公众、企业、智库等多主体参与湾区生态环境保护

纽约湾区、旧金山湾区在区域规划制定实施中均有广泛的公众参与。东京湾区在发展过程中将环境智库作为推动东京湾绿色发展的重要力量，如日本开发构想研究所、东京湾综合开发协议会等智库，对湾区发展进行长期研究，并作为衔接各种规划的平台，发挥着重要的推动作用。

四、主要政策建议

根据党中央对粤港澳大湾区的战略定位，在调研和借鉴国际经验的基础上，提出以下政策建议。

1. 明确建设世界一流美丽大湾区的战略定位和目标

坚持以习近平生态文明思想为指导，全面践行“创新、协调、绿色、开放、共享”新发展理念，把生态文明建设放到更加突出的位置，融入大湾区建设的各方面和全过程。强化战略引领，按照国务院《粤港澳大湾区发展规划纲要》提出的大湾区“五个战略定位”，明确把大湾区建设成为世界一流美丽大湾区和具有全球影响的生态文明示范区。对标世界一流湾区和生态文明建设要求，编制中长期规划，率先探索建立起一套可考核可监督的生态文明目标评价指标体系，建设生态优美、蓝色清洁、健康安全、绿色低碳、治理创新、开放共享的生态大湾区。力争到2035年，大湾区生态文明建设达到更高水平，绿色发展和绿色生活方式全面建成，生态环境质量达到国际先进水平，绿色低碳循环发展水平显著提升，环境风险得到有效管控，环境健康得到充分保障，自然更加宁静、和谐、美丽，生态文化深度融合繁荣，实现生态环境治理体系和治理能力现代化，生态环境品质国际一流、人与自然和谐共生、宜居宜业宜游的美丽湾区全面建成，打造具有国际影响力的绿色发展示范区。

2. 强化陆地生态系统保护修复

按照山水林田湖草生命共同体的理念，编制生态保护修复规划，实施一批生态工程。实施大湾区国家森林城市群建设工程，积极推动大湾区森林保护与发展网络建设。统筹推进生态廊道建设，建立基于生物多样性保护、生态功能提升以及生态安全格局维护为主的大尺度生态廊道。实施沿海防护林体系建设工程，建设沿海基干林带，加强退化红树林保护和修复。推进城乡绿化一体化，加强自然保护地体系建设，积极创建国家公园，全域实施乡村绿化美化，集中对城镇周边、江河两岸、大中型水库周边、高等级公路两侧林相进行改造，加强林地、林木、生态公益林、古树名木等资源管护。完善湿地分级管理体系，保护修复重要湿地，因地制宜建立一批湿地公园，提升湿地生态系统多种功能。

3. 系统维护流域和海洋生态环境与资源安全

持续推进饮用水水源保护区规范化建设，全面整治水源保护区环境问题，加快大湾区节水型社会建设，保障饮用水安全和粤港、粤澳供水安全。加强水环境水生态安全政策机制建设，完善湾长制、河长制、湖长制。强化东江流域水质保护和珠江——西江黄金水道水污染防治，协同整治跨境跨界河流污染和重污染水体。强化重点河口海湾综合整治，协同应对海漂垃圾和海平面变化。实施蓝色清洁大湾区建设工程，集中保护水生态水环境。

4. 打造中国大气污染治理先行示范区

在率先实现空气质量达标的基础上，利用大湾区衔接国际空气质量管理的优势条件，积极探索中国大气环境治理的新目标新标准。包括完善三地大气污染联防联治合作机制、空气质量预报预警合作体系建设。实施 VOCs 和氮氧化物协同治理，控制 PM2.5 和臭氧污染。优化大湾区空气监测网络，推动三地联合开展 VOCs 在线监测，推动车油路港联防联控，联合开展船舶污染防治等。

5. 建设应对气候变化先锋城市群

率先实施低碳发展战略，制定差异化的绿色低碳发展路线图，探索实施大湾区碳排放总量控制。加强气象监测预警平台建设，提升天气预报精度，发挥大湾区气象服务产品和技术在全球气象发展中发挥引领和示范作用。构建大气污染物与温室气体协同控制政策体系。鼓励各城市出台差异化协同控制方案和适应气候变化路线图，建设应对气候变化试点示范基地。加强应对气候变化科技研发，提升城市应对气候变化能力和应急保障服务能力。注重应对气候变化的政策和管理工作，包括节能减排措施和政策配套、新能源开发利用、适应变化能力的提升等。实施“平安海洋”气象保障工程，完善海洋气象综合观测系统和气象预警信息发布系统。

6. 建设引领全国、面向全球的生态环境创新服务平台

发挥粤港澳三地的信息、科技、产业、人才等方面优势，积极谋划实施一批生态环境重大科技创新项目。建立立足大湾

区、面向“一带一路”乃至全球生态环境前沿科学研究平台、重点实验室和研究基地。围绕生态文明建设、生态环境保护重大战略需求、美丽湾区建设等重点领域和方向，加强基础研究、关键技术攻关以及技术集成示范与推广应用。

7. 创新生态环境治理模式

探索在大湾区率先试行与国际接轨的生态环境管理体系。健全以国土空间规划、“三线一单”等为主体的生态环境空间管控体系，完善生态环境准入制度，为生态产品和服务供给提供源头保障。研究探索大湾区生态环境质量标准和评价体系、大湾区生态文明建设评价体系，为全过程管理提供支撑。运用大数据、物联网等新技术，提升生态产品和服务供给能力。探索设立大湾区绿色发展基金，重点支持新能源、生态农业、绿色建筑、生态环境基础设施、“无废城市”及能力建设等绿色产业发展，大力推进绿色金融创新，建立健全财政激励机制。加快绿色清洁低碳技术创新和推广应用，打造清洁技术和新能源产业基地，加快产业结构与能源结构的战略性调整，形成绿色低碳产业体系、绿色能源体系、绿色交通运输体系和绿色生活方式。

8. 建立大湾区生态环境保护联合协作机制

完善既有生态环境保护会商机制，探索组建粤港澳三地共同参与的生态环境与生态系统治理协调机制和合作平台。探索建立大湾区生态环境与生态系统监测联盟，推进重点领域环境监测、生态保护、污染排放等标准统一，实现生态环境保护与

生态系统治理的数据共享。整体布局湿地、森林、生态廊道建设，联通跨区域生态廊道，提高生态系统的连通性。建立和完善粤港澳三地灾害会商、信息互通、协同处置机制。组建大湾区生态文明建设战略研究平台，加强大湾区生态文明建设战略研究和顶层设计。推进泛珠三角区域生态环境保护和污染联防联治，积极参与绿色"一带一路"建设。

撰　稿

中国林学会：陈幸良　王　枫　林昆仑

生态环境部环境规划院：万　军

中国水利学会：吴　剑

国家海洋局南海规划与环境研究院：贾后磊

中国气象学会：王金星

中国可再生能源学会：祁和生

十大林草科学问题和工程技术难题遴选结果

编者按：为了充分发挥学会的智库功能，为推进新时代我国林草科技创新事业提供决策参考，2019年6月，中国林学会开展了“十大林草科学问题和工程技术难题”征集活动。活动得到了各省级林学会、各分会、专业委员会以及广大科技工作者的大力支持和积极参与。经过广泛征集，共收到各类问题难题近90项。中国林学会先后组织召开4次高层次专家咨询会议进行了研讨和凝练，最终遴选出10个重大林草科学问题和10个重大林草工程技术难题。特此刊发，以推动这些重大问题难题的解决，为我国林业和草原事业高质量发展提供更加有力的科技支撑。

一、重大林草科学问题

1. 林木干细胞发生、维持和分化的调控机制

利用分子育种技术改良树木木材品质，是林木育种的热点和难点。鉴定林木形成层干细胞发生和维持的关键调控因子，探究林木干细胞命运决定机制，解析形成层干细胞对环境和胁迫因素的响应，阐明干细胞分化产生不同细胞类型的协同调控机制及其细胞壁组分合成连锁调控机制，揭示林木径向生长关键分子机理，为改良林木生长和品质提供科学依据。

2. 木本油料油脂性状形成与调控机制

木本油料树种油脂形成与调控机制不明，是影响经济林产业化进程的突出问题。围绕油脂产量和品质形成因素，阐明不同木本油料油脂形成、运输与积累的分子调控机制，解析高产高品质油脂形成生理、细胞、遗传调控机制，探究油脂含量和品质调控机理与环境互作机制，构建调控网络，解析功能基因、调控因子和开发分子标记，为高含油量和高品质木本油料精准育种提供科学依据。

3. 人工林生产力形成的结构与环境效应

林地生产力低、效益不高，是我国人工林存在的突出问题。阐明人工林生态功能及其稳定性的调控与维持机制，解析人工林生产力形成调控机制，探究人工林生态功能形成的地域分异和环境适应性机制，揭示森林生态功能及稳定性随环境和

干扰因素的变化规律，为构建人工林高效经营措施、促进我国人工林发展提供科学依据。

4. 重大林业入侵生物成灾机制

我国每年因林业生物入侵造成的损失高达700多亿元，对重大林业入侵生物成灾机制认识的相对匮乏，是我国森林病虫害防控的突出问题。研究有害生物种间互作机制、种群结构、变异规律以及次要有害生物上升为主要有害生物的灾变机制，有害生物周期性暴发机制，阐明有害生物扩散流行的环境驱动力及其遗传可塑性与生态适应性机制、生态系统对生物灾害的调控功能与机制，揭示松材线虫、天牛等重大生物灾害的成灾机制，为科学防控奠定重要理论基础。

5. 森林对气候变化的响应和适应机制

目前森林对气候变化的响应和适应机制方面的研究还亟待深入。阐明森林应对气候全球变化的响应和适应基础理论，解析区域气候模式与森林生长、物候、灾害的耦合过程机制，探明中国不同森林类型碳汇/源格局的对比、集成与分析机制，建立气候变化对森林影响机制与森林适应对策和预测分析模型，为我国应对气候变化提供基础理论支撑。

6. 湿地退化过程与修复机制

我国湿地面临着面积萎缩、功能退化、生物多样性减少等突出问题，湿地退化的趋势仍然未得到全面有效的遏制。围绕湿地生态系统的退化在湿地水文过程、生理生化过程、生物过程以及生物地球化学过程等方面的作用机理，阐明湿地修复基

础理论，解析完整生物链恢复的生境修复机制，为找到更适用我国退化湿地修复技术提供理论支撑。

7. 天然林生物多样性形成与维持

我国天然林存在数量少、质量差和生态系统脆弱等突出问题，严重影响天然林生态功能的发挥。揭示天然林生物多样性的形成与维持机制，研究混交林的种间竞争关系及动态变化规律，阐明天然林的种间关系和动态变化、天然林不同树种的更新机制等，为保护天然林资源、维持天然林生态系统的健康稳定提供科学依据。

8. 草原生产与生态功能的形成与调控

我国约有90%以上草原处于不同程度的退化之中，草原生态系统已经由结构性破坏发展到功能性紊乱，对国土生态安全造成严重威胁。阐明维持草原生态系统结构-过程的稳定性原理，揭示草原恢复的生物与非生物因素作用机理，为现实草原生态系统保护修复提供理论依据。

9. 林木活性成分代谢调控与转化基础

目前存在林木次生代谢物活性成分体内富集机制不明、生物学合成途径不清晰、生物活性和药理协同作用基础研究薄弱、生物制剂靶点和控制方法不明等突出问题。解析林木特色资源有效成分代谢生物合成途径及调控分子机制，阐明新型活性成分结构和特定成分构效关系规律，揭示目标成分物性生物合成、化学与生物转化调控机制，为非木质资源人工模拟合成以及高值化利用提供理论依据。

10. 木竹资源利用的物理与化学基础

木竹资源是我国林业的重要资源，当前存在木竹材材质材性变异性大、木质纤维界面结构复杂、主要成份拆解解聚难等科学问题，制约木竹加工产业的发展。研究木材组织结构与性能构效关系、木材应力集中与弱相失效规律，揭示实体木材结构调控提升性能的作用机制；研究木质纤维选择性精准拆解规律，揭示木质纤维界面复合效应及木质材料多尺度结构形成机理；研究木材主要成分分子结构精准修饰规律，揭示木材定向解聚及可控组装机理，形成木竹资源加工利用的物理与化学基础理论。

二、重大林草工程技术难题

1. “山水林田湖草”系统治理技术

“山水林田湖草”生命共同体具有结构复杂、功能耦合等“复杂科学”特征，山水林田湖草系统治理技术是当前林草业亟需解决的工程技术难题。研发山水林田湖草生态保护与修复关键技术、优化模式与推广应用科技支撑服务体系，构建天地空与点线面一体化的遥感分析、地面调查、定位观测与生态物联网综合监测体系，建立综合数据库与信息管理系统，开展生态保护与系统修复工程的生态经济社会效益的综合评估，为保障国家生态安全提供科技支撑。

2. 困难立地生态修复技术

荒漠化、石漠化、盐碱地等困难立地生态修复是我国生态修复的难点。开展困难立地精准分级及修复潜力评估，高抗逆林草和微生物选择和多性状复合育种，微生物菌肥、绿色保水剂、螯合剂等土壤定向改良，优良抗逆树种组成与配置、林分类型与布局、群落构建与优化等植被快速恢复，开展水肥管理、生物覆盖、结构调控等精准管理，实现自然资源高效利用和生态修复成效监测，提升生态系统服务功能。

3. 林草全基因组选择育种技术

林草育种工作受限于性状选择的强度、准确度以及育种周期。将功能基因组研究的最新成果和先进的单核苷酸多态性芯片技术相结合，利用覆盖全基因组的高密度遗传标记计算个体的基因组估计育种值；结合高光谱、表型组和基因组大数据分析以及人工智能技术，开展林草全基因组选择育种研究，可最大化目标性状遗传增益、缩短育种周期、提高对复杂数量性状的选择强度，加快林草的精准育种和育种进程。

4. 木竹家居产品智能制造技术

木竹家居产品制造领域劳动力密集、生产效率低、材料损耗高、无法满足人民对木竹家居产品多样化、定制化的需要。突破人造板生产线连续化与智能控制、整体家居产品大规模定制与柔性化生产、实木家具数字化设计与智能制造、木材外观机器视觉识别、木材加工在线生产无损检测、家居木制品数控装备信息互通平台与软硬件接口标准化等核心技术，以数字化转型和智能制造技术引领木竹产业发展。

5. 人工林多功能协同提升技术

我国人工林存在结构单一、综合功能不强等问题，不能满足人民日益增长的生态、文化、生产等多功能需求。实现不同尺度森林多功能定量评价，森林多功能区划、规划、调整和重构、林分层次的多功能结构优化调整，以及经营单位级精细化区划、经营规划和作业设计，提出多功能森林作业法体系和操作规程，建立不同森林类型森林多功能经营规划决策系统等，提升森林质量和功能，满足人民生态产品和服务的需求。

6. 松材线虫综合防控技术

松材线虫病是我国森林病害的防控重点和瓶颈，亟需突破重大林业生物灾害综合防控技术。建立基于大数据互联平台和卫星数据研判的智能监测和预警技术体系，开展优良抗病种质资源创制和高抗品种培育，及配套的高效规模化繁育技术，攻克微生物组和代谢组的松材线虫病防控关键技术，实现以上技术体系的创新和集成，为我国松材线虫病防治提供技术手段。

7. 国家公园智能化监测管理技术

有效监测是国家公园管理的技术瓶颈。利用现代视频、音频和图像与数字采集、全球定位等智能监管技术，将人工智能(AI)和信息与通讯技术(ICT)技术相结合，研发基于无人机和智能终端的调查、监测巡护执法系统，整合野生动植物信息采集、人为干扰采集、生态要素自动采集等，建立统一大数据平台，实现监测信息的智能化分析处理，为提升国家公园的管理水平提供技术支撑。

8. 油茶机械化采收技术与装备

油茶果机械化采收是当前油茶产业发展的技术瓶颈。攻克适合多种复杂地形的机械、电子、液压和智能化技术，油茶林分和地形以及花果大数据收集和分析利用技术，研发集成新材料应用和安全控制等相关技术装备，建立适宜油茶机械化智能化经营的品种、树体和林分管理技术体系，最大限度地减少人工投入，提高油茶经营效率，促进油茶全产业智能升级。

9. 胶合板连续化制造技术

胶合板是以速生林木材和竹材为原材料的高性能环保材料，可以弥补我国优质木材资源不足的矛盾。但我国胶合板制造装备简陋、技术落后，亟需解决连续化制造的关键工艺技术。突破胶合板制造从旋切到砂光等全流程的自动化连续生产技术，实现自动组坯、连续压机、废单板综合利用等自动化生产，为全面增强我国木竹产业国际竞争力提供科技支撑。

10. 林业生物质能源与材料制造技术

我国林业生物质能源与材料存在资源利用率低、精深加工技术缺乏、产品品质差、终端高值化产品研发不足等问题。攻克生物质全组分分级降解与高效分离、生物基化学品绿色合成、生物基材料定向修饰与衍生化等核心关键技术，创制高能液体燃料与含氧能源添加剂、新型绿色高性能功能材料和绿色林源精细化学品，促进林业生物质产业快速发展。

撰　稿

中国林学会